KB252397

산뜻하고 시원한
니트 손뜨개

michiyo 지음 | 황선영 옮김

이아소

CONTENTS

P 모자
page 25/68

동일 패턴

Q 스커트 & 판초
page 26/66

투웨이　이음 없이

R 카디건
page 28/69

2 사이즈

S 캐미솔
page 30/72

동일 패턴

T 스카프
page 31/74

3 타래 이내　이음 없이

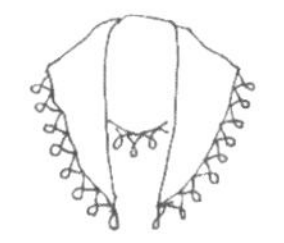

U 베스트 & 카슈쾨르
page 32/75

투웨이　2 사이즈

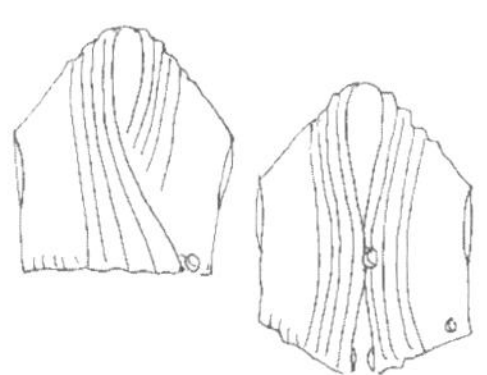

V 백
page 33/76

직선뜨기

W 볼레로
page 34/78

이음 없이　2 사이즈

X 풀오버
page 35/77

2 사이즈

Y 롱 카디건
page 36/80

2 사이즈

이 책의 작품은 모두 하마나카 실과 바늘을 사용하고 있다.
상품에 관한 문의는 88쪽 참고.

일 년 내내, 평상복 니트를 떴습니다.

여러분이 뜬 작품을 보면서 '다음에는 이렇게 만들어야지,
이런 스타일로 권해봐야지' 하는 생각으로 뜬다는 것이
어느덧 책 한 권이 되었습니다.

봄여름 니트는 실이 가늘어 뜨기는 조금 수고스럽지만, 완성이 간단합니다.
오히려 실이 가늘기 때문에 여러 색을 조합하기는 쉽지요.
이번 책은 다양한 실을 결합해 자연스럽고 세련된 느낌을 내보았습니다.

그리고 또 하나,
일부 작품은 두 사이즈로 떠 놓았습니다.
딱 맞는 사이즈를 좋아하든,
아니면 큰 사이즈를 선호하든,
자신이 좋아하는 스타일에 맞춰보세요.

올해도 다시 만나 함께 니트 뜨기를
할 수 있으면 좋겠습니다.

michiyo

A 직선뜨기

여름에 꼭 입고 싶은 붉은색 T셔츠형 풀오버.
어깨에 단 단추고리로 소매를 쑥 걷어 올리면
팔이 산뜻하고 화사하게 보이는 효과를 낸다.

see page 38

B

밑단부터 부채 모양으로 떠가는 V넥 풀오버.
캐주얼한 이미지의 보더 무늬를 레이스 느낌의
느슨한 실루엣으로 여성스럽게 표현했다.

see page **41**

C
직선뜨기

기존에 있던 드라이브뜨기가 오늘은 신선하게 느껴진다.
두 가지 실을 결합해 직선으로 여유 있고 성기게 뜬다.

see page **40**

D 동일 패턴   2 사이즈

3가지 색으로 실 조합을 바꿔가며 결합해 5색 보더로 연출한다.
메리야스뜨기지만 실이 바뀌는 재미에 지루하지 않게 뜰 수 있다.
보더 폭과 옷 폭을 달리하여 두 사이즈로 떴다.

see page **44**

L 사이즈

E
직선뜨기   이음 없이

대바늘로 폭과 길이에 충분한 여유를 주어 뜬 레이스무늬 스톨.
차분한 라벤더색이라 이른 봄부터 초가을까지
즐길 수 있을 것 같다.

see page 45

F

2 사이즈

날다람쥐같이 몸판과 소매가 하나로 되어 있는 카디건.
앞은 아일릿 무늬, 뒤는 변칙적인 가터 무늬이다.
조금 큰 바늘의 느슨한 게이지로 떴다.

see page 46

G

동일 패턴　　2 사이즈

밑단 뜨개가 인상적인 코바늘뜨기 풀오버.
손쉽게 완성하도록 조금 굵은 바늘로 성기게 떴다.
래글런 선의 길이와 옷 폭을 달리하여 M, L 사이즈로 떴다.

see page **48**

M 사이즈

H

대바늘로 뜬 가뿐한 느낌의 판초는 바람이 잘 통해 시원하다.
무늬와 색을 바꿔 떠보자.

see page **50**

I

심플한 스웨터나 T셔츠에 장식 칼라 하나로 화사함을 더한다.
굵은 리넨실로 단단히 뜨면 둥글게 말리지 않고 예쁜 모양으로 완성된다.

see page **52**

J

큰 포켓을 양옆 중심에 붙여 어느 쪽을 앞으로 해서 입어도 좋다.
도트 같은 무늬가 드러나도록 2가지 실을 결합해 성기게 뜬다.

see page **54**

K 3타래 이내 이음 없이

코바늘로 롱 펄 느낌이 나게 뜬 목걸이.
광택이 있는 골드 면과 매트한 질감의 오프화이트 면이
리버서블 된 테이프얀을 사용했다.

see page 53

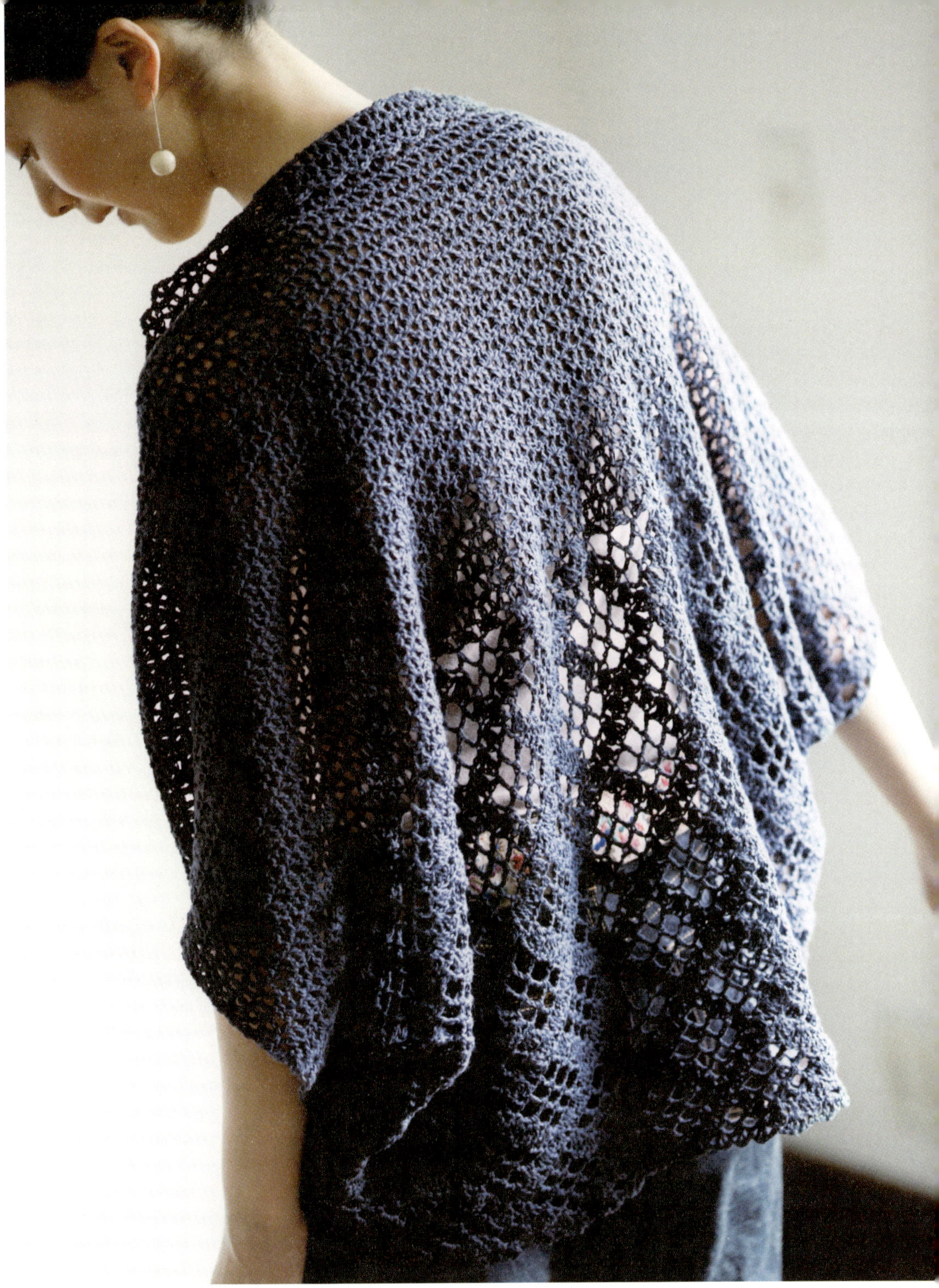

L

직선뜨기 투웨이

2가지 무늬를 이용해, 소맷부리만 남기고 꿰매 붙인
조금 낙낙한 느낌의 카디건.
어떤 무늬나 위로 오게 해서 입을 수 있다.
접으면 직사각형이 되기 때문에 스톨로도 가능하다.

see page 56

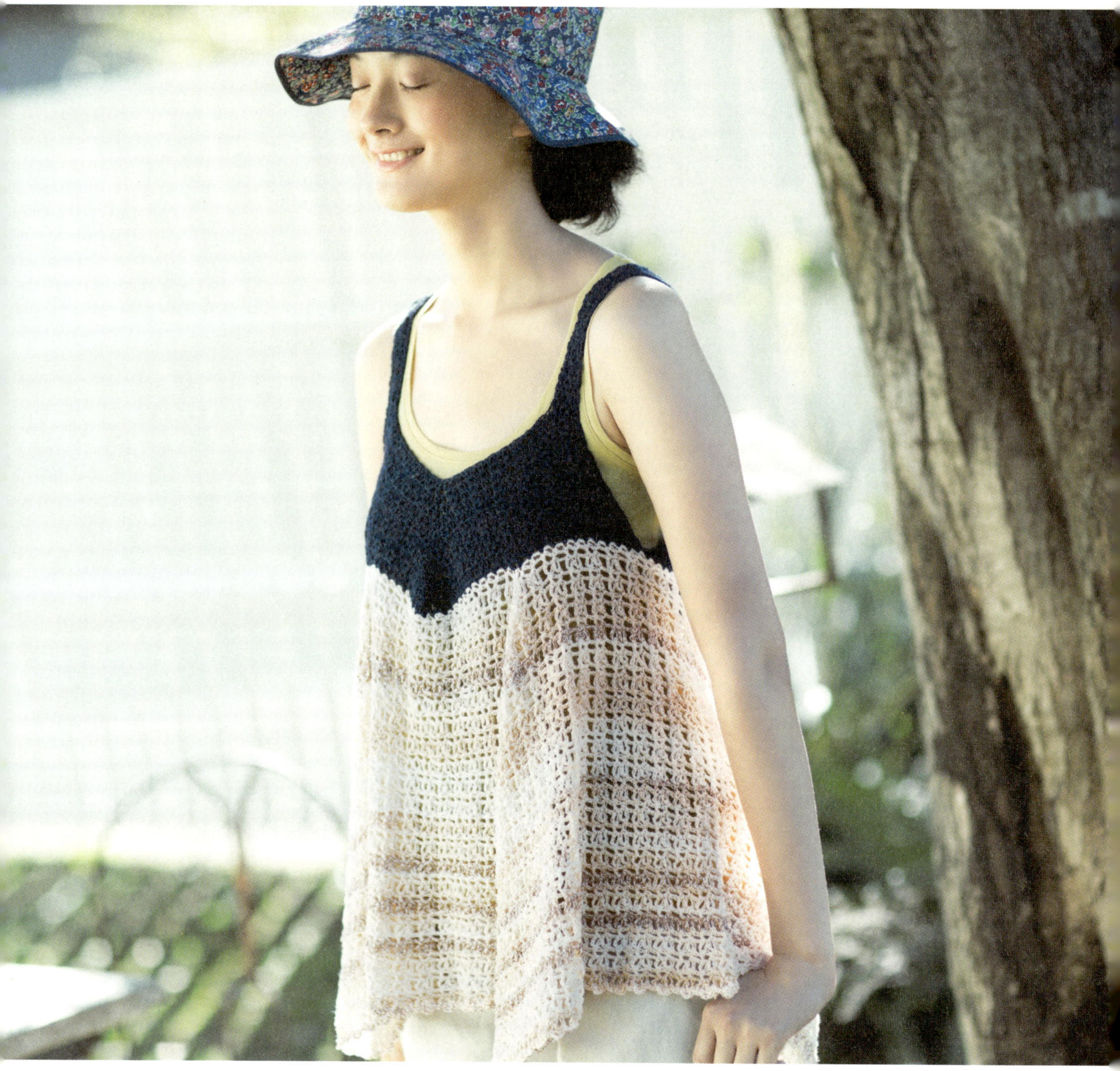

M

이음 없이

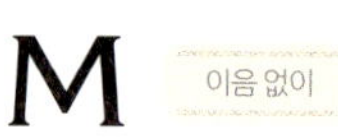

볼륨 가득한 플레어가 사뿐하고 시원하게 느껴지는 캐미솔.
그러데이션실로 몸판을 둥글게 뜬 뒤,
코를 주워 요크 부분을 어깨끈까지 떠올라간다.

see page 58

N

2 사이즈

가로로 뜬 슬리브리스 풀오버.
앞뒤 밑단 길이를 다르게 했기 때문에 케이블무늬가 곡선을 그린다.
셔츠에 겹치거나 베스트로 입어도 멋스럽다.

see page 61

L 사이즈

O

겹쳐 입게 만든 에이프런 타입의 캐미솔.
끈으로 목둘레와 옷 폭 조절이 가능하다.
프렌치한 분위기가 돋보이는 작품이다.

see page **64**

P

마음에 쏙 드는 누빔 스타일의 모자.
방법이 간단해서 초보자에게도 권하고 싶다.
스티치에 효과색을 사용해도 근사하다.

see page **68**

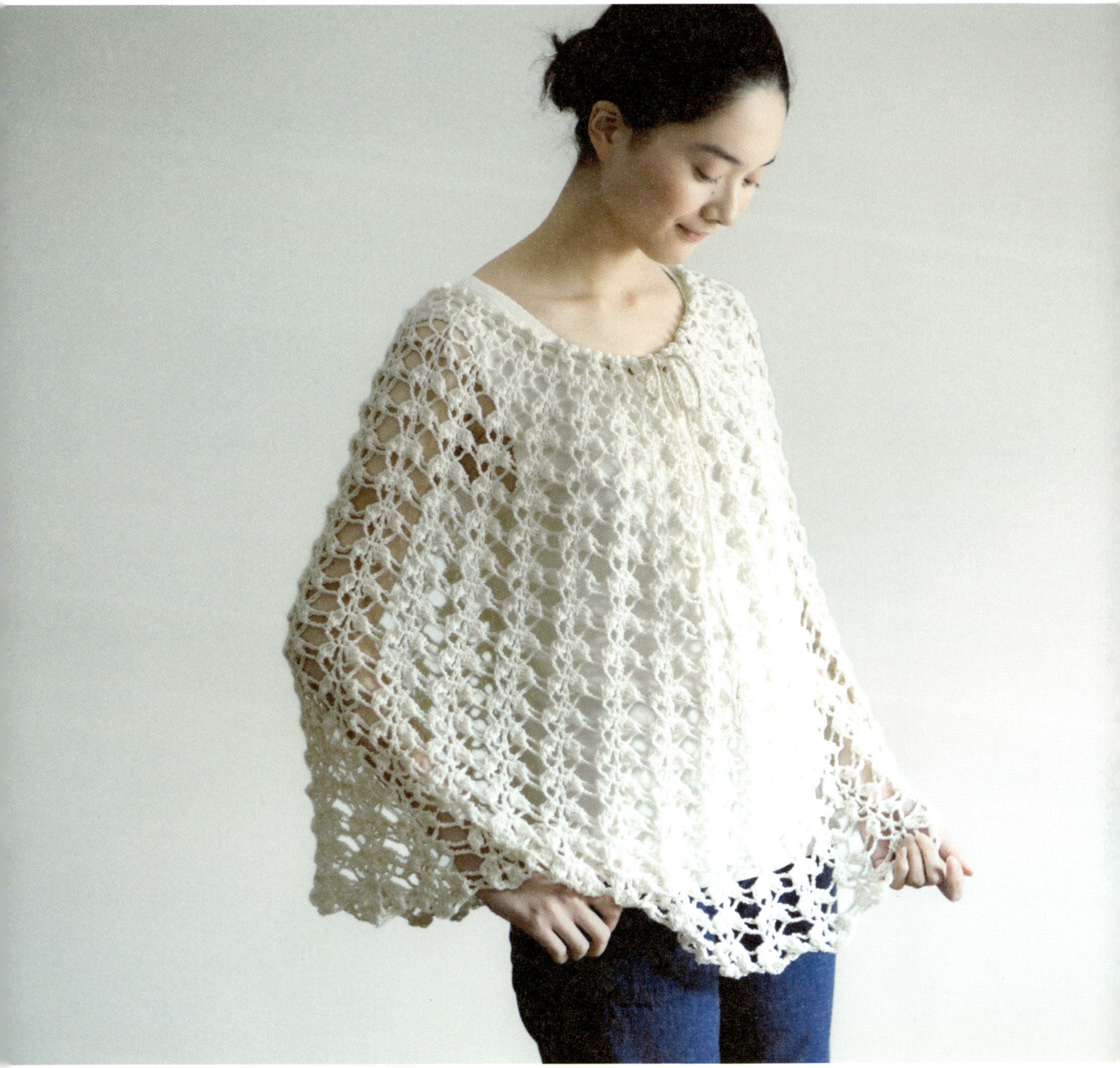

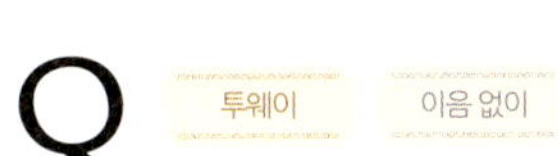

Q

투웨이 / 이음 없이

속이 훤히 비쳐 정말 시원하게 보인다.
레이어드룩 스커트나 판초로도 입을 수 있다.
허리선부터 떠내려가기 때문에 좋아하는 길이에서 멈추면 된다.

see page 66

R

1코 고무뜨기를 응용한 무늬의 카디건.
앞단과 목둘레 구분 없이 쭉 떠가는 디자인이다.
단추와 고리를 베이스와 상반된 색으로 뜨는 것이 포인트.

see page **69**

L 사이즈

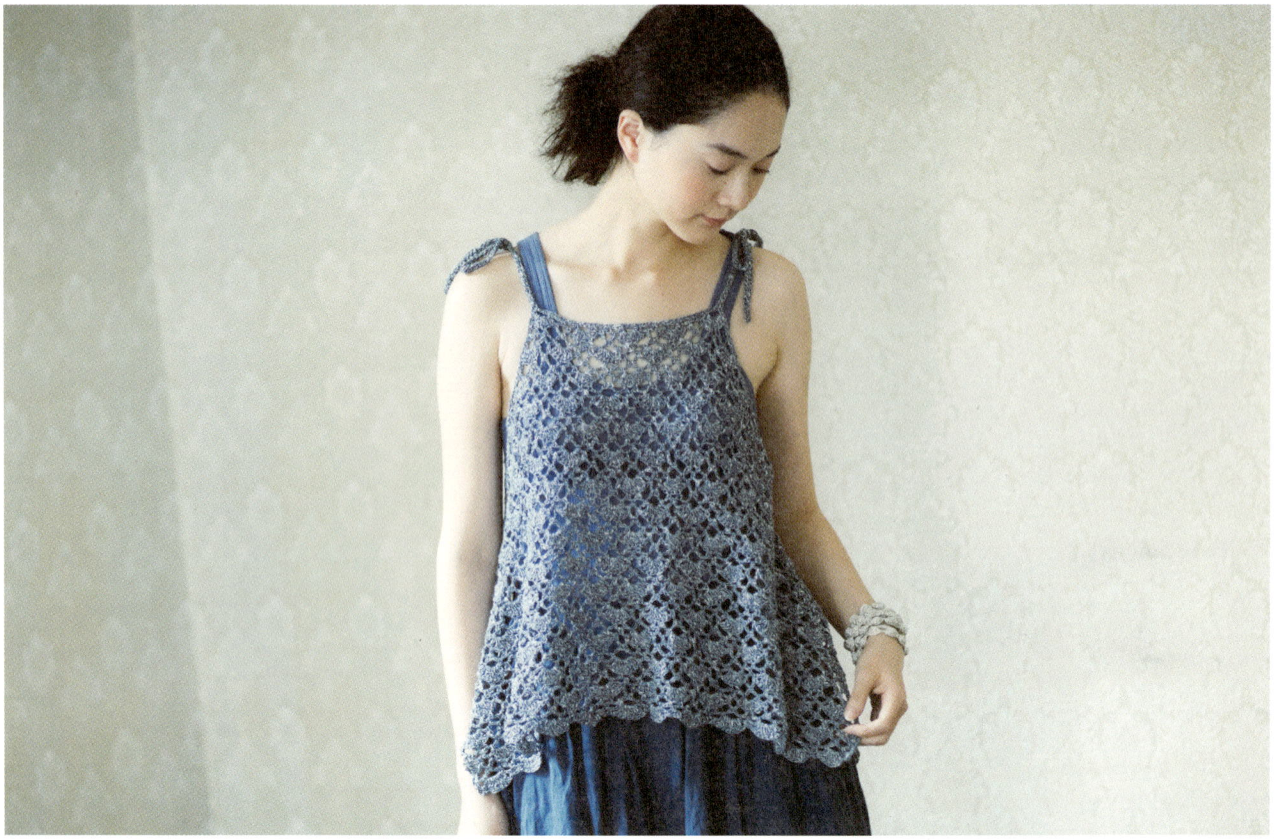

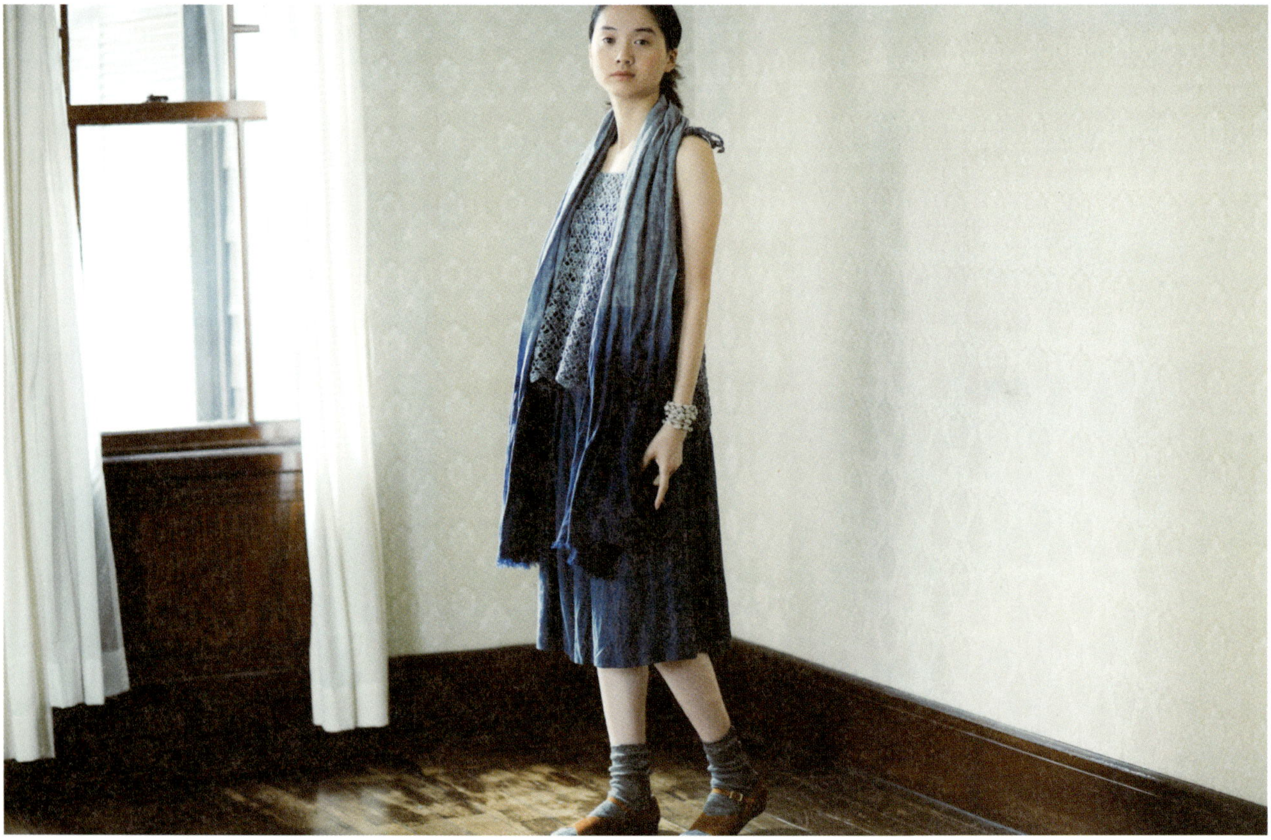

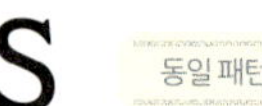

S

동일 패턴

코바늘로 겹쳐 입게 뜬 레이스 느낌의 캐미솔.
사다리꼴이라서 좌우가 축 떨어지는 것이 특징이다.
목 언저리부터 떠내려가기 때문에 길이 조절도 쉽다. see page 72

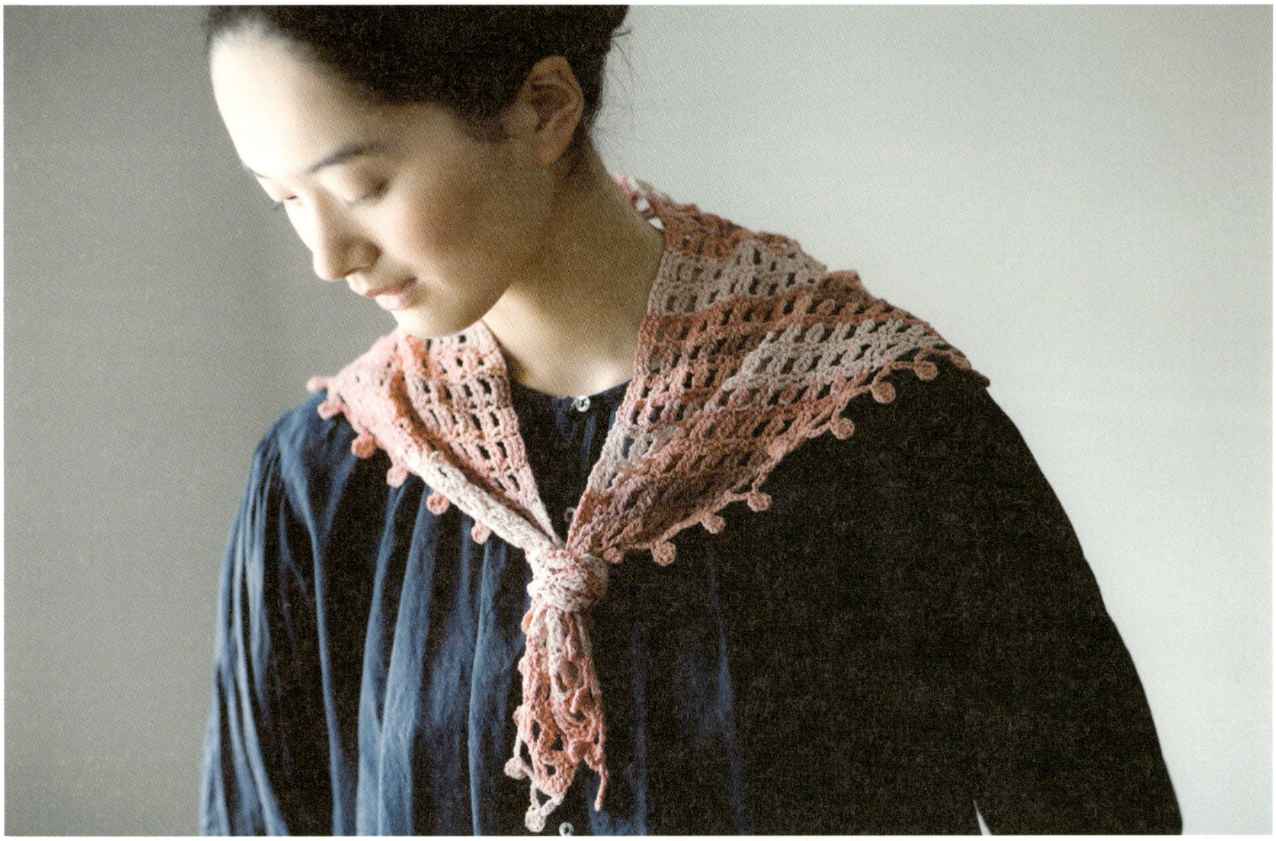

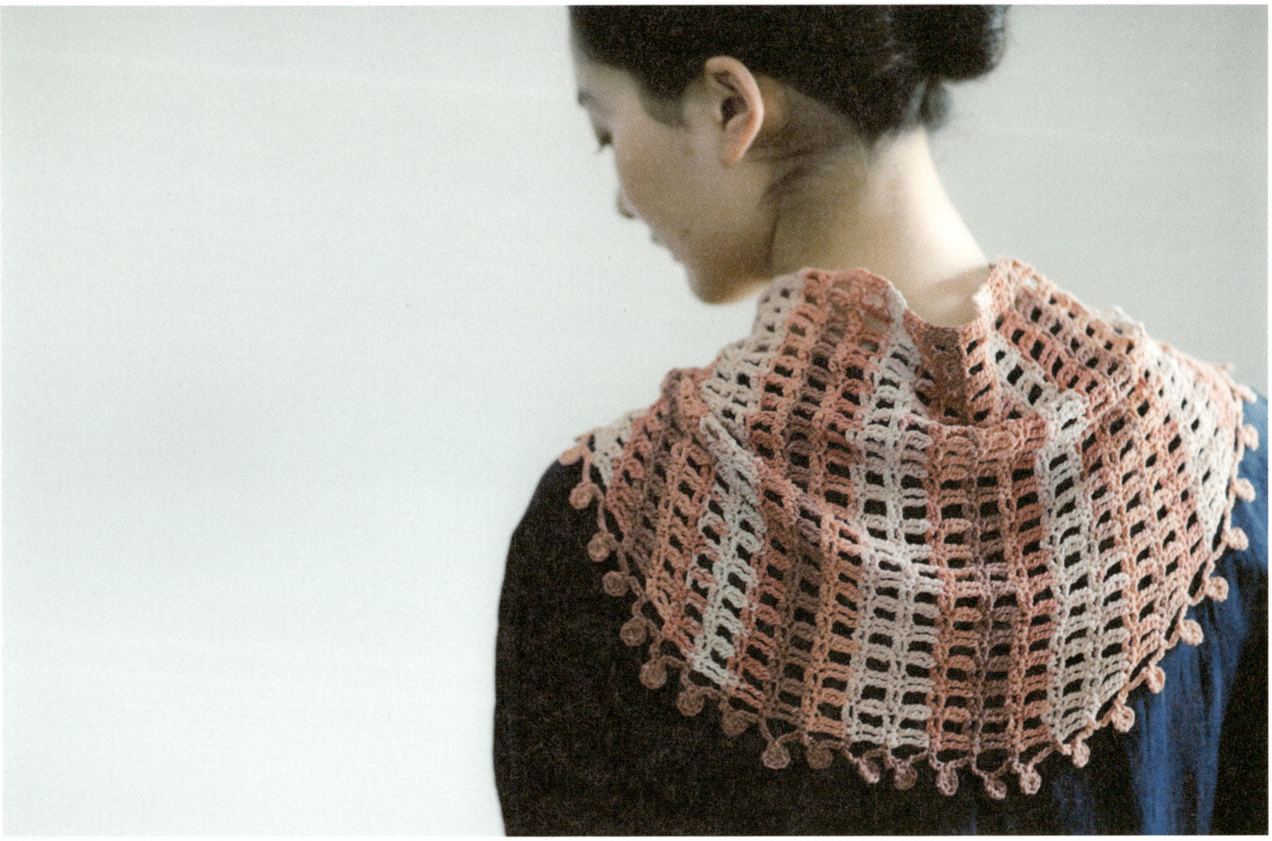

롱 피치 그러데이션실로 뜬 스카프.
가로로 떠가기 때문에 조금 굵은 스트라이프 무늬가 생긴다.
트리밍은 구슬뜨기 프린지로 마무리한다.   see page **74**

U

투웨이　　2 사이즈

리넨실과 금색이 섞인 넵실을 결합하여 성기게 뜬 간편한 베스트.
리브뜨기로 앞단에 신축성을 주었기 때문에
카슈쾨르로 입거나 단추 한 개를 이용해 볼레로로 이용도 가능하다.

see page **75**

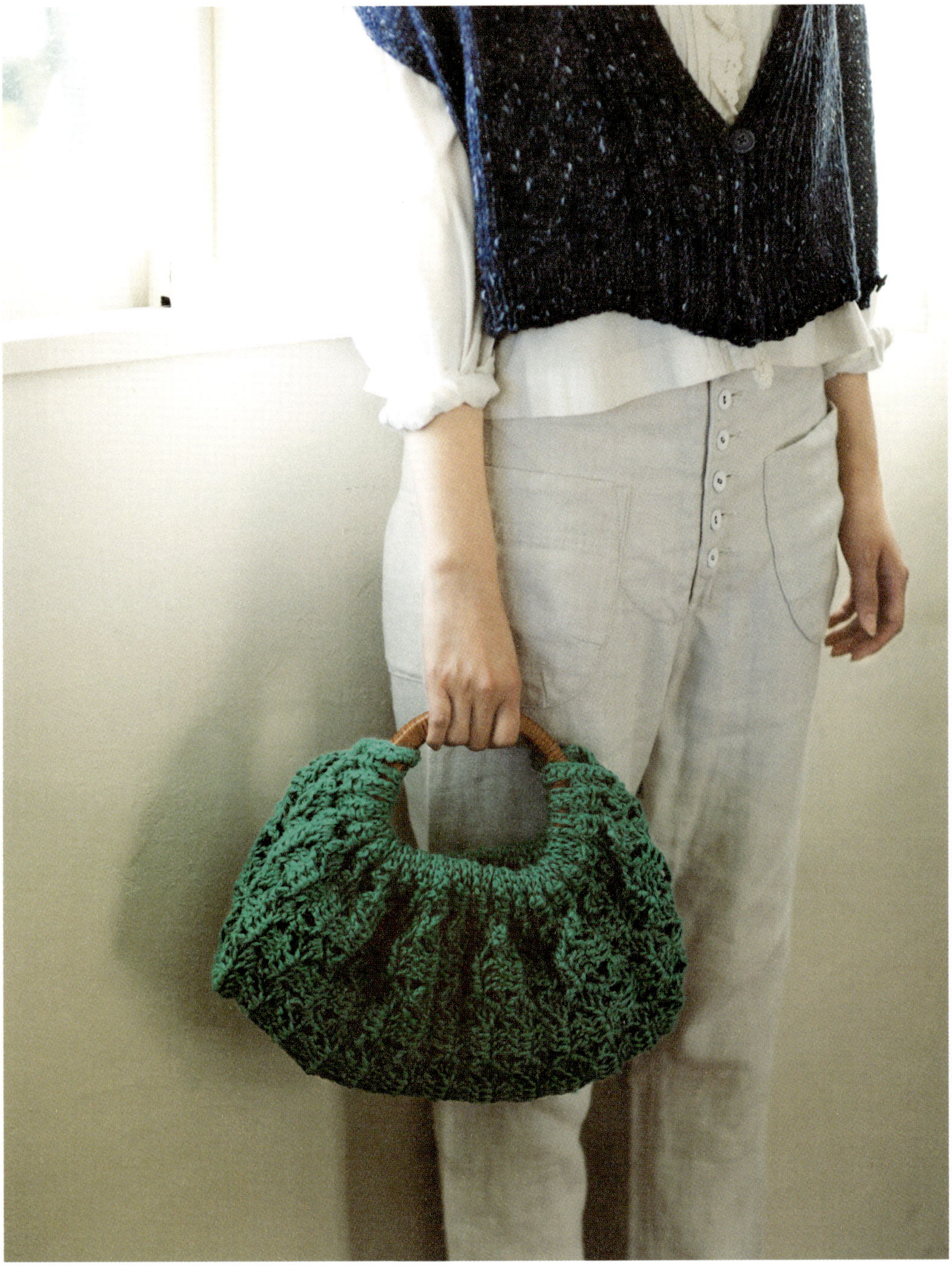

V 직선뜨기

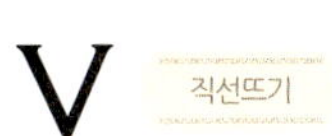

기본적인 방법만으로 가능한 지무늬를 황마실(쥬트 실)로 착착 떠나갔다.
사각으로 뜨고, 양옆 손잡이는 감아서 붙인다.
코디하기 좋은 악센트 색을 선택해서 떠보자.

see page 76

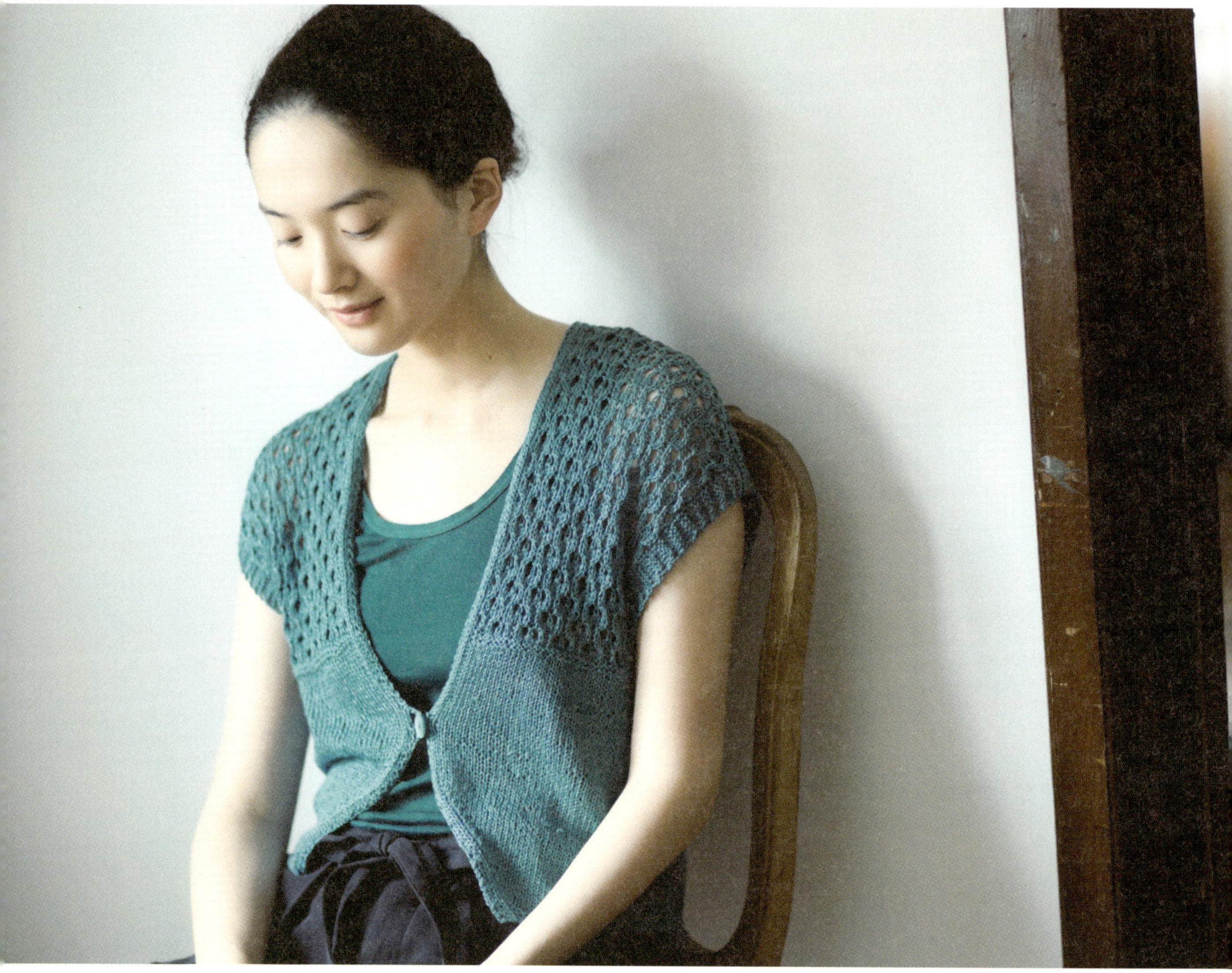

M 사이즈

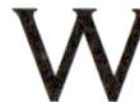

W

이음 없이　2 사이즈

광택 있는 부드러운 실로 뜬 볼레로.
무늬 변화가 있지만, 잇고 꿰매는 과정 없이 단숨에 떠간다.

see page 78

X

2 사이즈

롱 피치 그러데이션 느낌이 살아 있는 심플한 풀오버.
뒤는 직사각형, 앞은 사다리꼴로만 뜨면 되고, 목둘레는 코를 줄이지 않는다.
암홀의 고무뜨기는 꽉 조이듯이 코를 줍는다.

see page 77

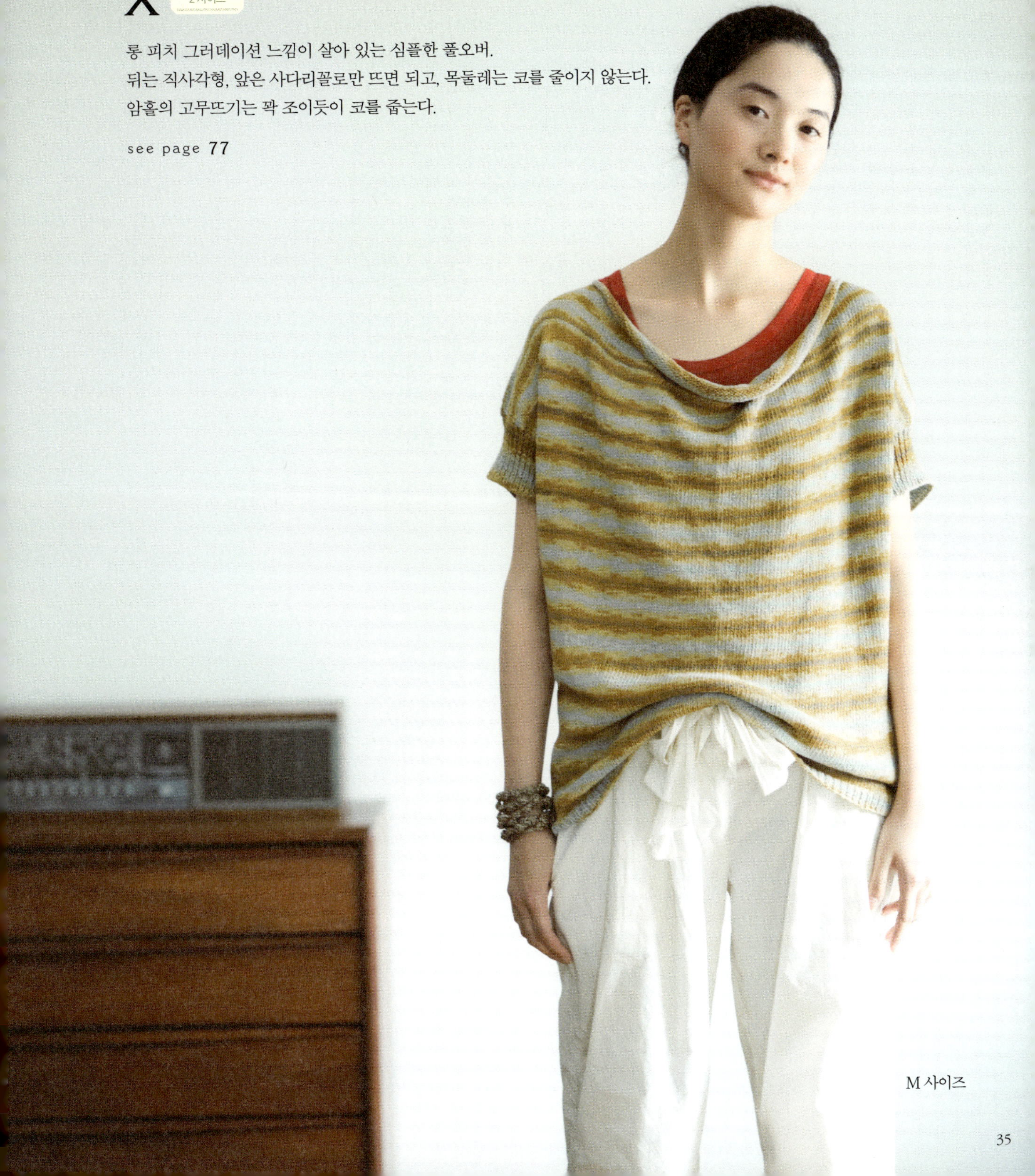

M 사이즈

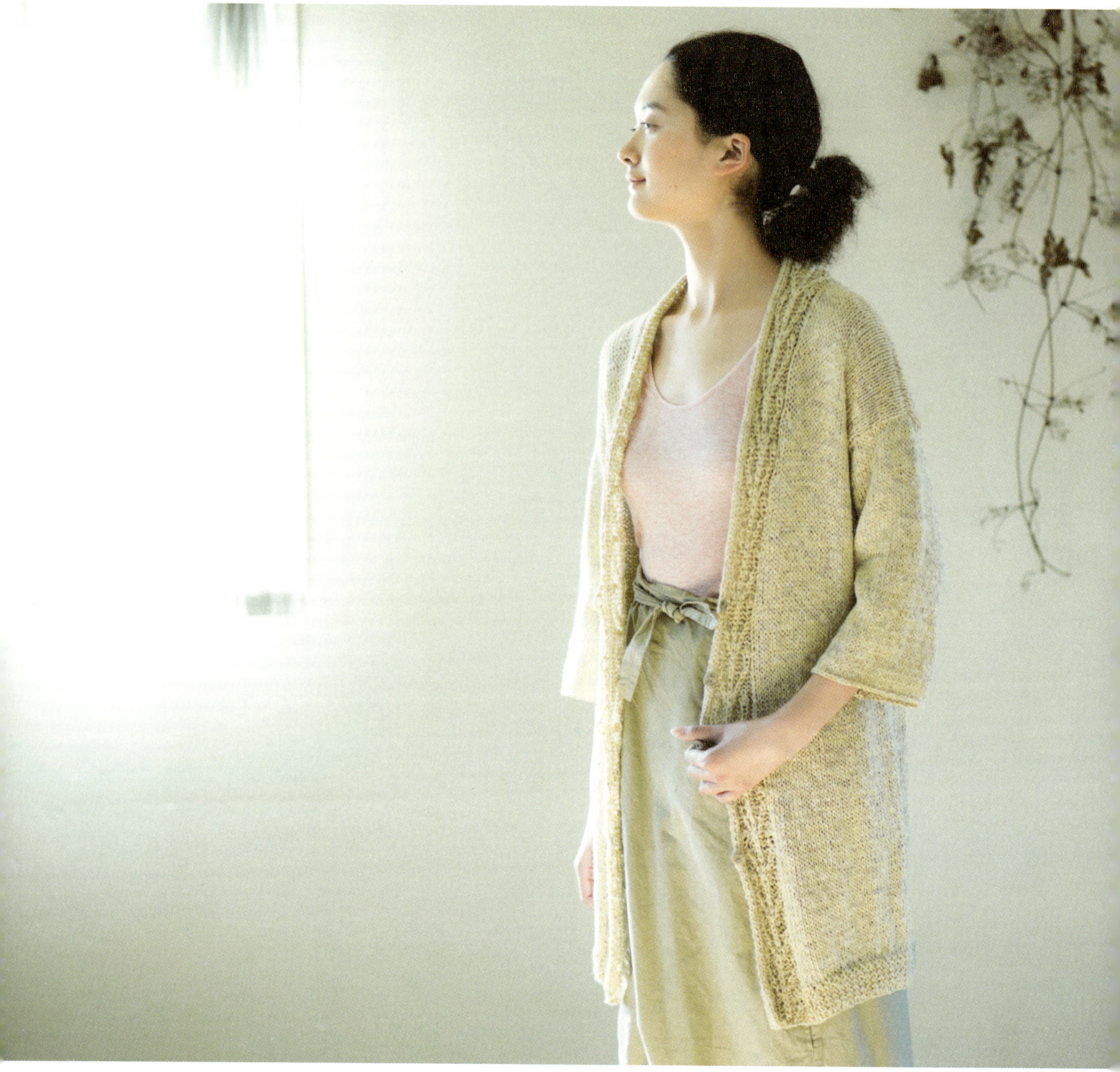

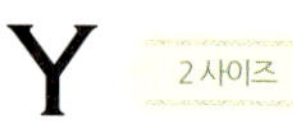

M 사이즈

Y

2 사이즈

두 가지 실을 결합해 성기게 뜬 롱 카디건.
앞단에 무늬를 곁들이는 것 말고는 전부 메리야스뜨기이다.
뒤 몸판의 쉬운 직선뜨기를 소맷부리까지 쭉 이어서 뜨는 것이 뜨기 포인트.

see page 80

HOW TO MAKE

이 책에서 사용한 실

◆ **아마실 《리넨》**
굵기: 병태사
품질: 마(리넨) 100%
구성: 한 타래 25g(약 42m)

◆ **워시코튼 《크로셰》**
굵기: 중세사
품질: 면 64%, 폴리에스테르 36%
구성: 한 타래 25g(약 104m)

◆ **워시코튼 《크로셰》 그러데이션**
굵기: 중세사
품질: 면 64%, 폴리에스테르 36%
구성: 한 타래 25g(약 104m)

◆ **에마이유**
굵기: 병태사
품질: 폴리에스테르 85%, 지정 외 섬유(종이) 12%, 나일론 3%
구성: 한 타래 25g(약 97m)

◆ **코마코마**
굵기: 태사
품질: 지정 외 섬유(황마) 100%
구성: 한 타래 40g(약 34m)

◆ **사라사**
굵기: 중세사
품질: 레이온 63%, 마(리넨) 28%, 나일론 9%
※ 의마가공
구성: 한 타래 25g(약 117m)

◆ **파레오**
굵기: 병태사
품질: 면 100%
구성: 한 타래 30g(약 106m)

◆ **플럭스 C**
굵기: 중세사
품질: 마(리넨) 82%, 면 18%
구성: 한 타래 25g(약 104m)

◆ **플럭스 K**
굵기: 병태사
품질: 마(리넨) 78%, 면 22%
구성: 한 타래 25g(약 62m)

◆ **플럭스 S**
굵기: 병태사
품질: 마(리넨) 69%, 면 31%
구성: 한 타래 25g(약 70m)

◆ **폼므 《무지면》 니트**
굵기: 병태사
품질: 면 100%(퓨어 오가닉코튼)
구성: 한 타래 25g(약 70m)

◆ **양감 쿨리에(coolier)**
굵기: 병태사
품질: 큐프라 69%, 면 31%
구성: 한 타래 30g(약 90m)

◆ **루그란**
굵기: 병태사
품질: 면 93%, 폴리에스테르 7%
구성: 한 타래 30g(약 112m)

털실에 관한 문의는 88쪽을 참고해주세요.
상품 정보는 2013년 2월 현재 기준입니다.

A 풀오버 >>> page 5

실: 중세사 붉은색 240g(하마나카 플럭스 C 103)
도구: 코바늘 5/0호
기타: 직경 1.3cm 단추 2개
게이지: 무늬뜨기 30코 11.5단이 사방 10cm
사이즈: 옷 폭 55.5cm, 옷 길이 53cm

뜨는 방법: 실은 1가닥으로 뜬다.
뒤판과 소매는 사슬뜨기로 시작코를 만들어 무늬뜨기로 코의 증감 없이 뜬다. 앞판도 같은 방법으로 시작코를 만들어 뜨는데, 앞 목둘레는 그림처럼 코를 줄인다. 어깨를 사슬잇기 한다. 몸판에 소매를 감침질로 붙이고, 옆선, 소매 아래를 연결해서 사슬꿰매기를 한다. 목둘레는 가장자리뜨기를 한다. 단춧고리를 떠서 지정된 위치에 붙인다. 단추를 단다.

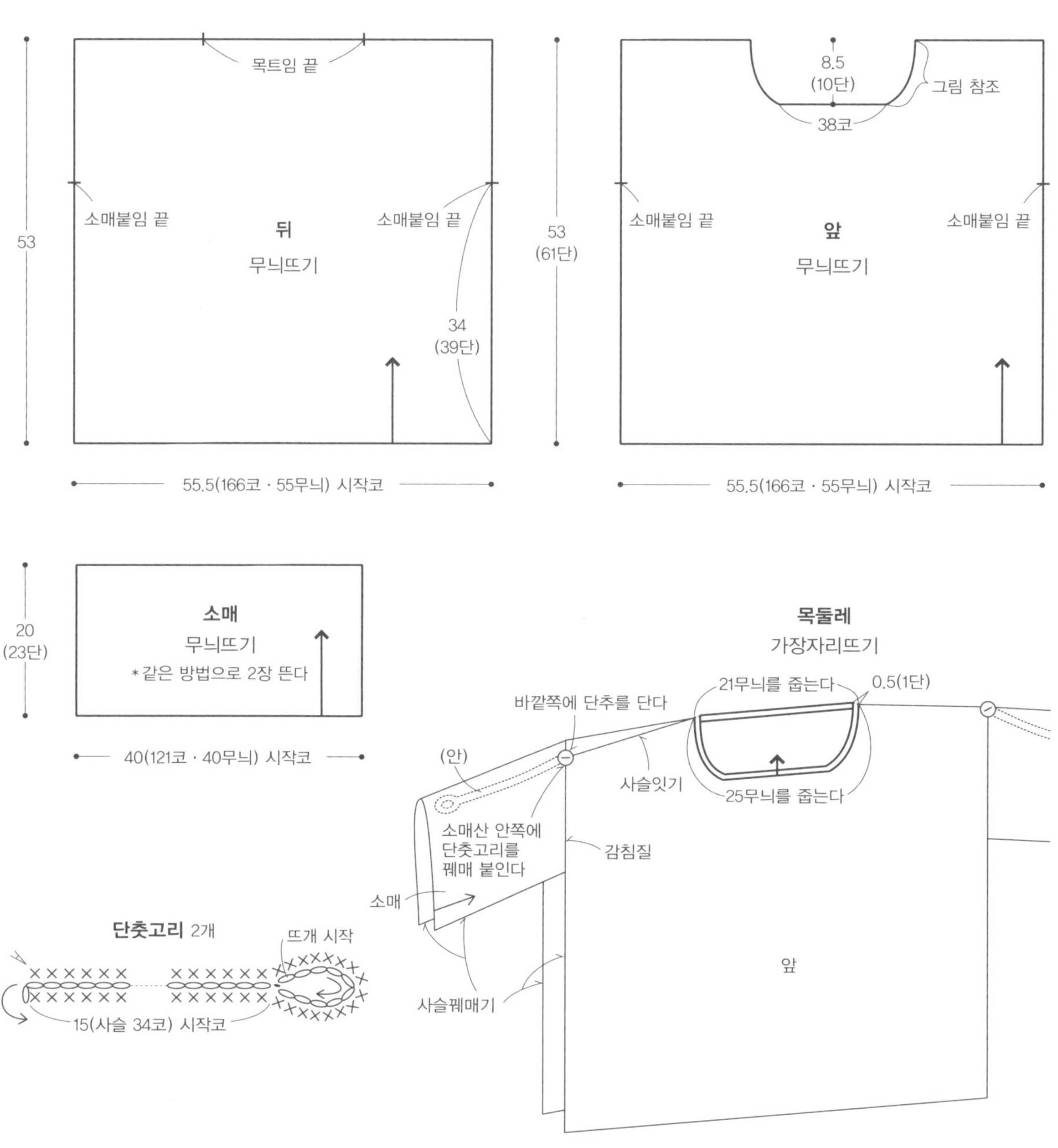

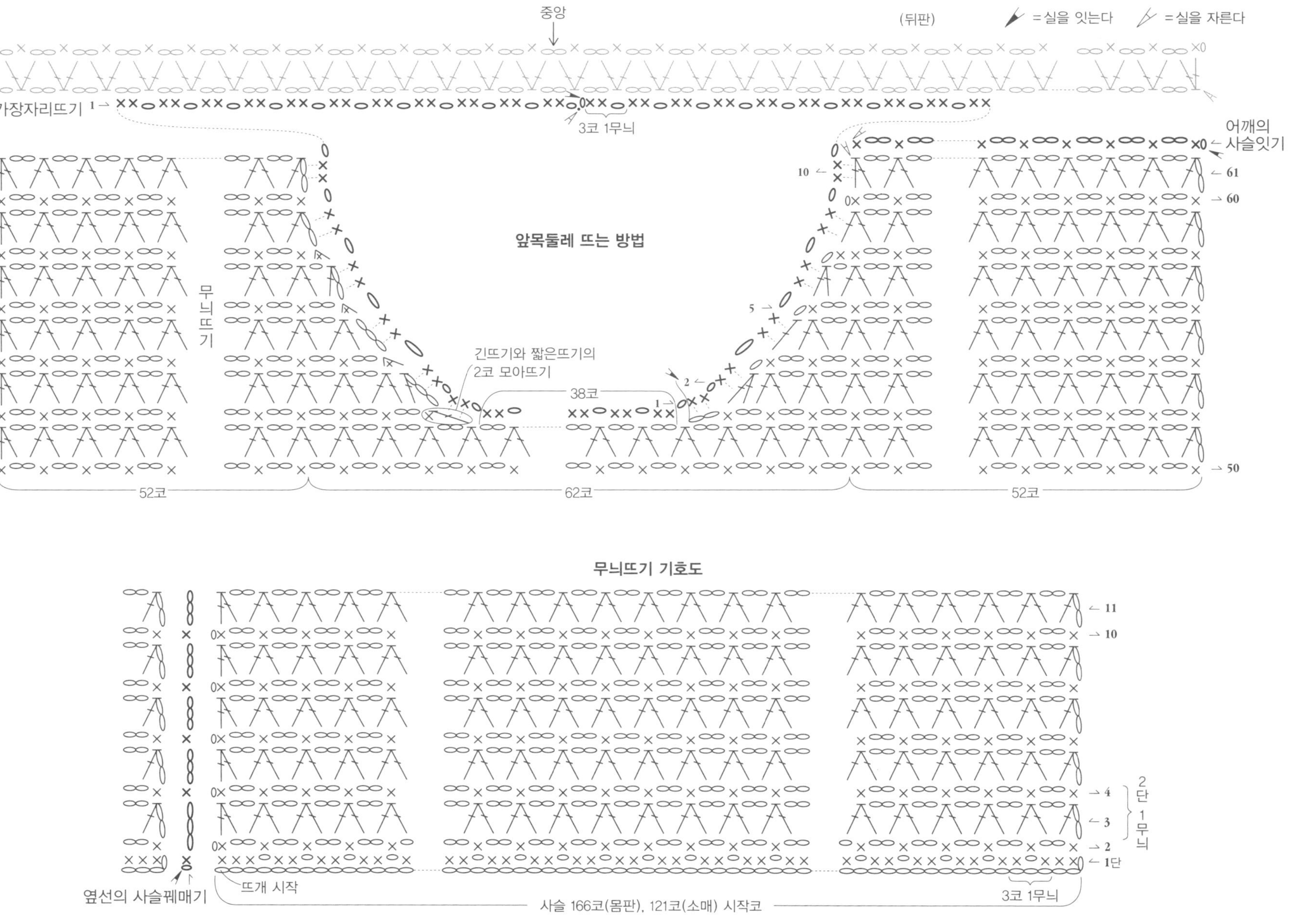
중앙
(뒤판)
=실을 잇는다
=실을 자른다
가장자리뜨기
3코 1무늬
어깨의 사슬잇기
앞목둘레 뜨는 방법
무늬뜨기
긴뜨기와 짧은뜨기의 2코 모아뜨기
38코
52코
62코
52코
무늬뜨기 기호도
옆선의 사슬꿰매기
뜨개 시작
사슬 166코(몸판), 121코(소매) 시작코
3코 1무늬
2단 1무늬
1단

C 카디건 >>> page 7

실: 병태사 실버그레이 230g(하마나카 플럭스 S 24)

　　중세사 샌드베이지 150g(하마나카 플럭스 C 3)

도구: 대바늘 10호 2개, 코바늘 6/0호

기타: 직경 1.8cm 단추 2개

게이지: 무늬뜨기 15.5코가 10cm, 1무늬(24단)가 12cm

사이즈: 옷 길이 74cm

뜨는 방법: 실은 실버그레이와 샌드베이지 1가닥씩을 결합하여 고리 이외에는 10호 바늘로 뜬다.

몸판은 손가락에 실을 거는 방법으로 시작코를 만들어 무늬뜨기를 코의 증감 없이 뜬다. 뜨개 마무리는 덮어씌워 코막음(안코) 한다.

샌드베이지 1가닥으로 몸판의 △와 ▲를 맞대어 감침질하고, ☆과 ◎, ★과 ◉을 떠서 꿰매기 한다. 6/0호 바늘로 지정된 위치에 고리를 떠서 붙이고 단추를 단다.

몸판 뜨는 방법

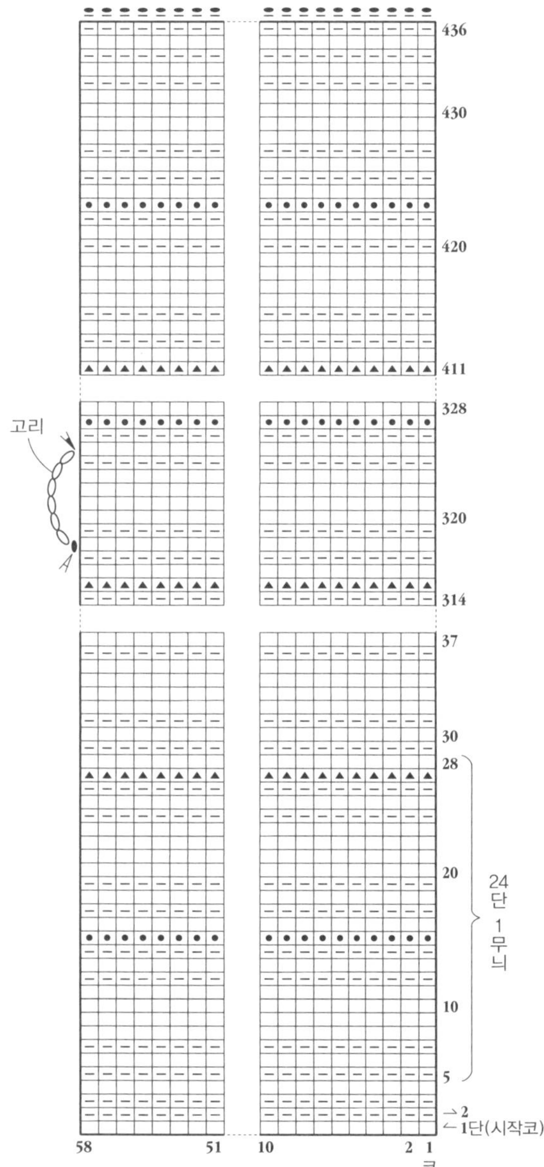

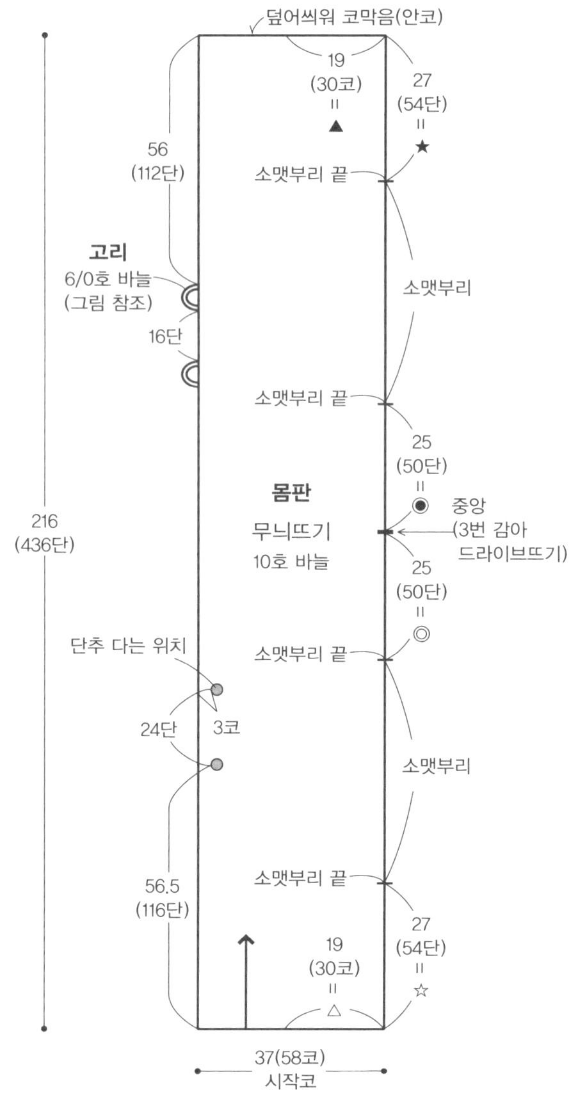

마무리 방법　*샌드베이지 1가닥

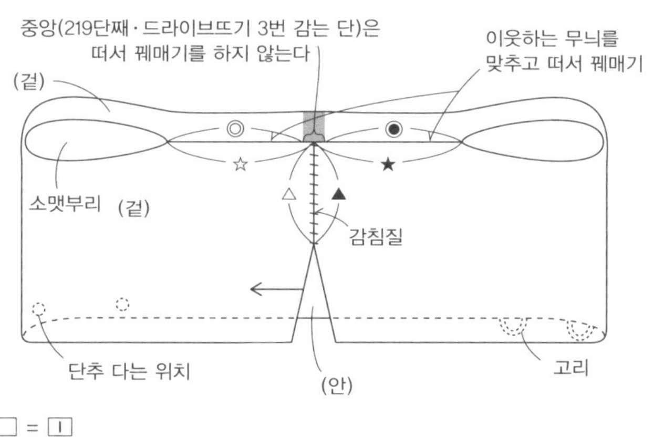

□ = │

● = 드라이브뜨기(2번 감기)

▲ = 드라이브뜨기(3번 감기)

= 실을 잇는다

= 실을 자른다

B 풀오버 >>> page 6

실: 중세사 흰색 255g, 블루 65g(하마나카 플럭스 C1, 8)
도구: 코바늘 6/0호
게이지: 무늬뜨기 A 21코가 10cm, 7단이 6.5cm
　　　　무늬뜨기 B, B의 줄무늬
　　　　21코가 10cm, 1무늬(4단)가 3cm
사이즈: 밑단 폭 52cm, 옷 길이 56.5cm

뜨는 방법: 실은 1가닥으로 지정된 곳 이외는 흰색으로 뜬다.
사슬뜨기로 146코 시작코를 만들어 무늬뜨기 A, 무늬뜨기 B의 줄무늬, 무늬뜨기 B의 순서로 그림처럼 코를 늘리면서 뜨는데, 46단째까지 뜨면 좌우를 나누어 떠서 목트임을 만든다. 같은 것을 2장 뜬다. 어깨를 감침질로, 옆선은 사슬꿰매기 한다. 목둘레와 소맷부리에서 가장자리뜨기를 1단 뜬다.

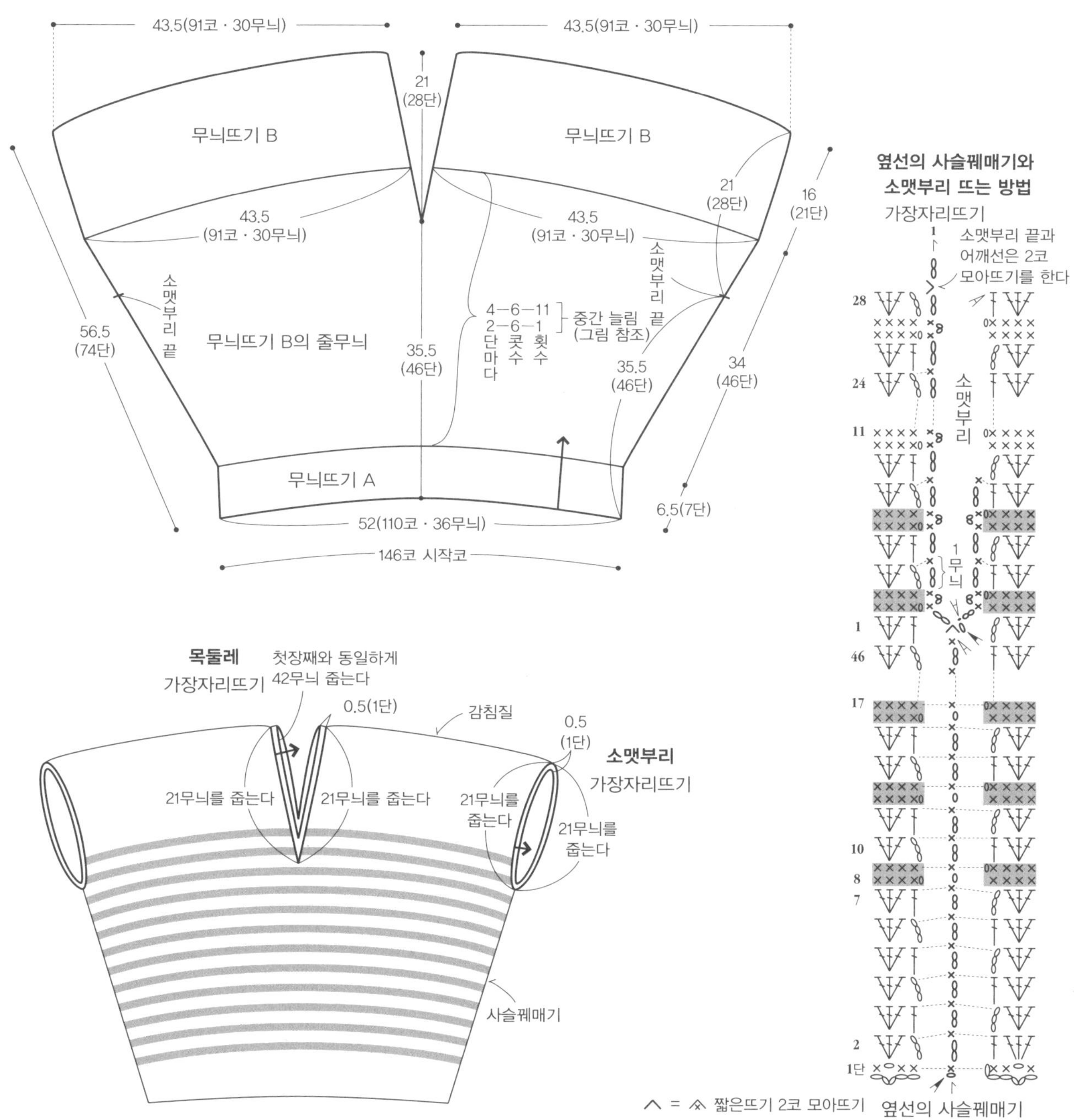

몸판과 목둘레 뜨는 방법

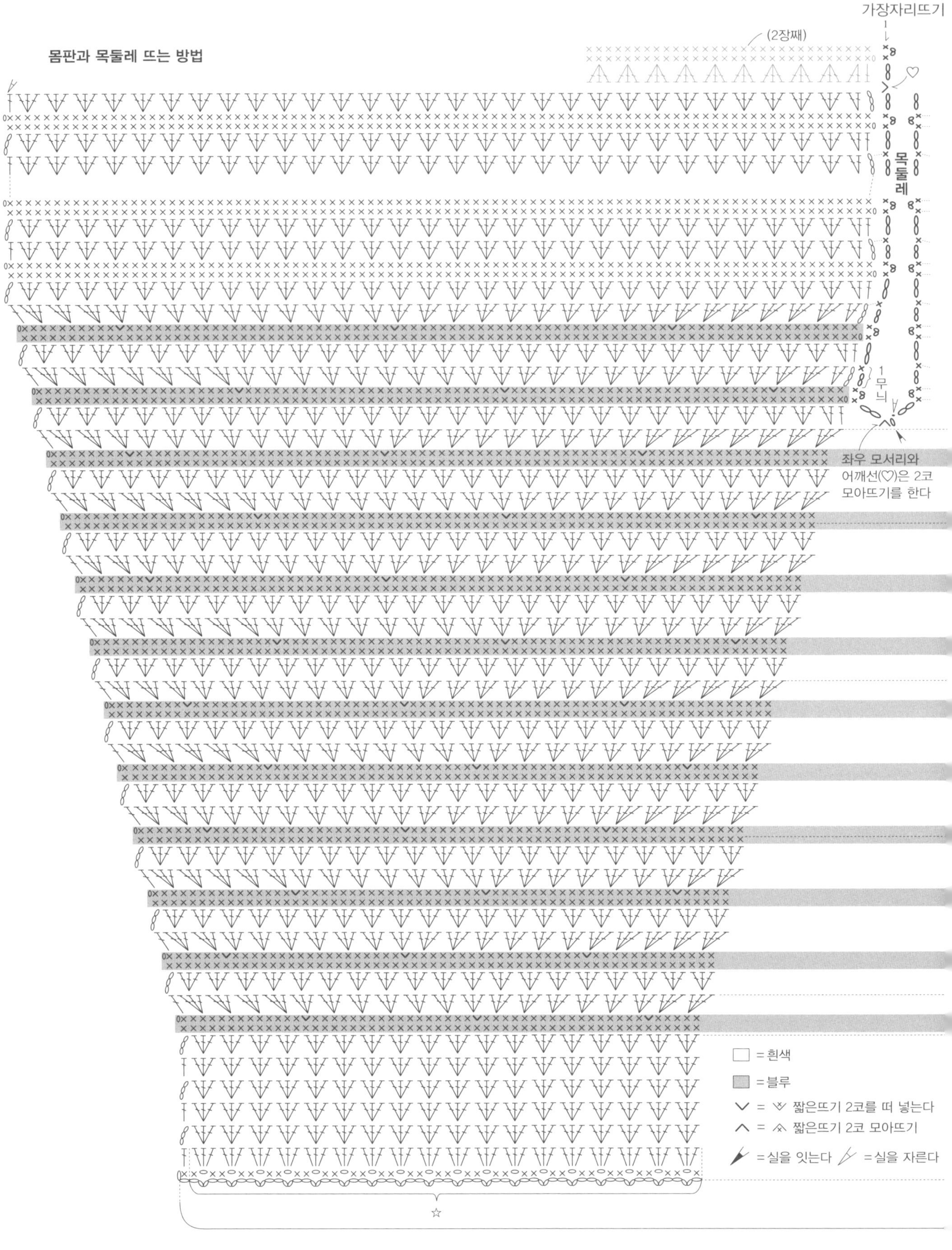

가장자리뜨기

(2장째)

목둘레

1 무늬

좌우 모서리와
어깨선(♡)은 2코
모아뜨기를 한다

☐ = 흰색

▨ = 블루

∨ = ⅄ 짧은뜨기 2코를 떠 넣는다

∧ = ⅄ 짧은뜨기 2코 모아뜨기

↘ = 실을 잇는다   ↗ = 실을 자른다

☆

42

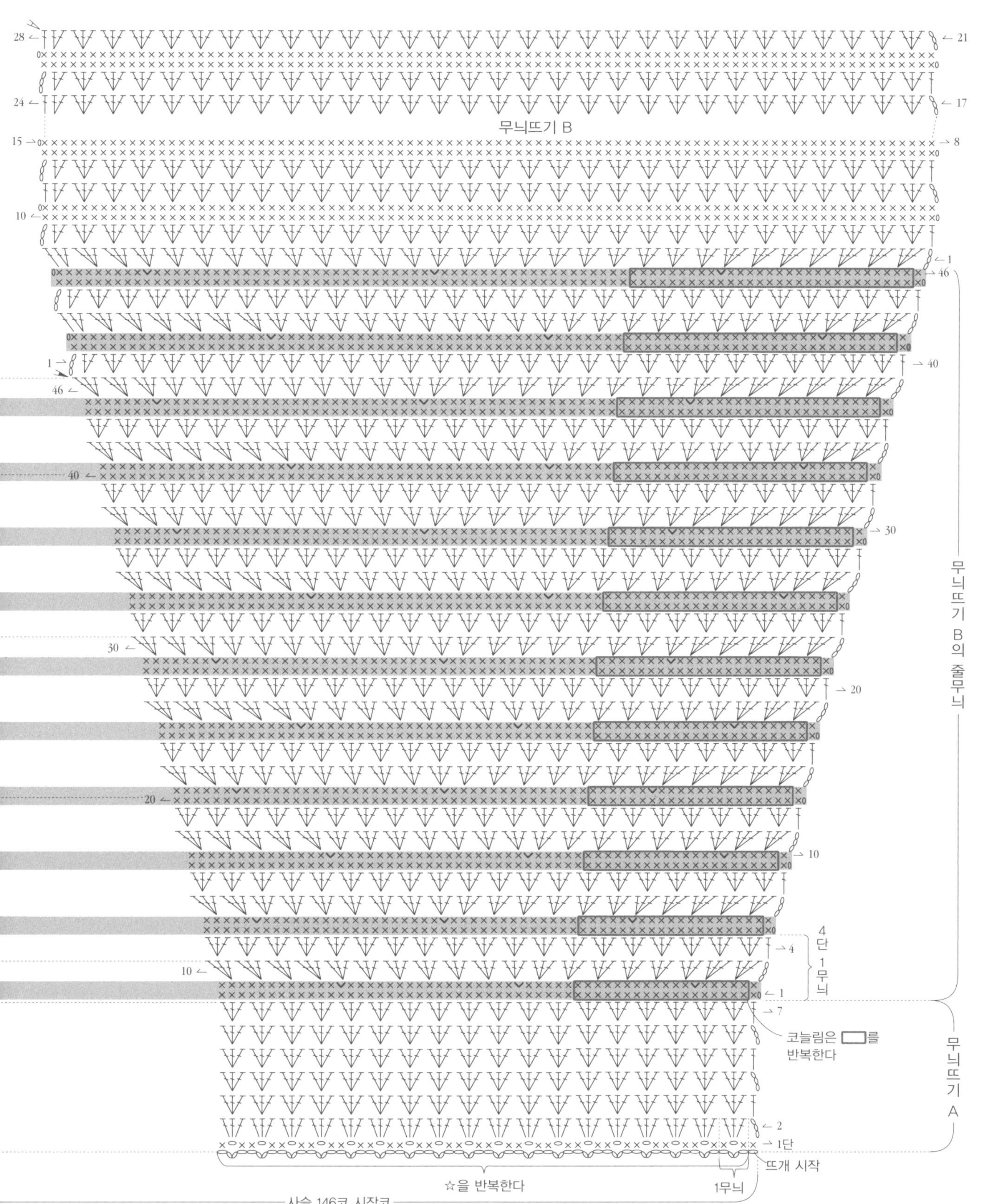

무늬뜨기 B
무늬뜨기 B의 줄무늬
무늬뜨기 A
코늘림은 □를 반복한다
4단 1무늬
뜨개 시작
☆을 반복한다
1무늬
사슬 146코 시작코

D 풀오버 >>> page 8, 9

실: 중세사

　M/ 흰색 135g, 그레이 100g, 차콜그레이 90g

　L/ 흰색 160g, 라이트베이지 125g, 겨자색 100g

　(하마나카 플럭스 C 1, 4, 101, 1, 2, 105)

도구: 대바늘 10호 2개

게이지: 메리야스뜨기 18코 21.5단이 사방 10cm

사이즈: M/ 옷 폭 45.5cm, 옷 길이 52.5cm, 화장 55.5cm

　　　　L/ 옷 폭 50.5cm, 옷 길이 59.5cm, 화장 62cm

뜨는 방법: 실은 지정된 2가닥으로 뜬다.

몸판, 소매는 손가락에 실을 거는 방법으로 시작코를 만들어 1코 고무뜨기를 한다. 연결해서 메리야스뜨기로 배색을 하면서 그림처럼 뜨고, 뜨개 마무리는 쉼코로 둔다. 같은 것을 2장씩 뜬다.

래글런 선을 떠서 꿰매기를 한다. 목둘레는 한 바퀴 덮어씌워 코막음을 한다. 옆선과 소매 아래를 연결해서 떠서 꿰매기를 한다.

포켓을 메리야스뜨기로 뜨고, 지정된 위치에 꿰매 붙인다.

*지정된 이외는 M, L공통

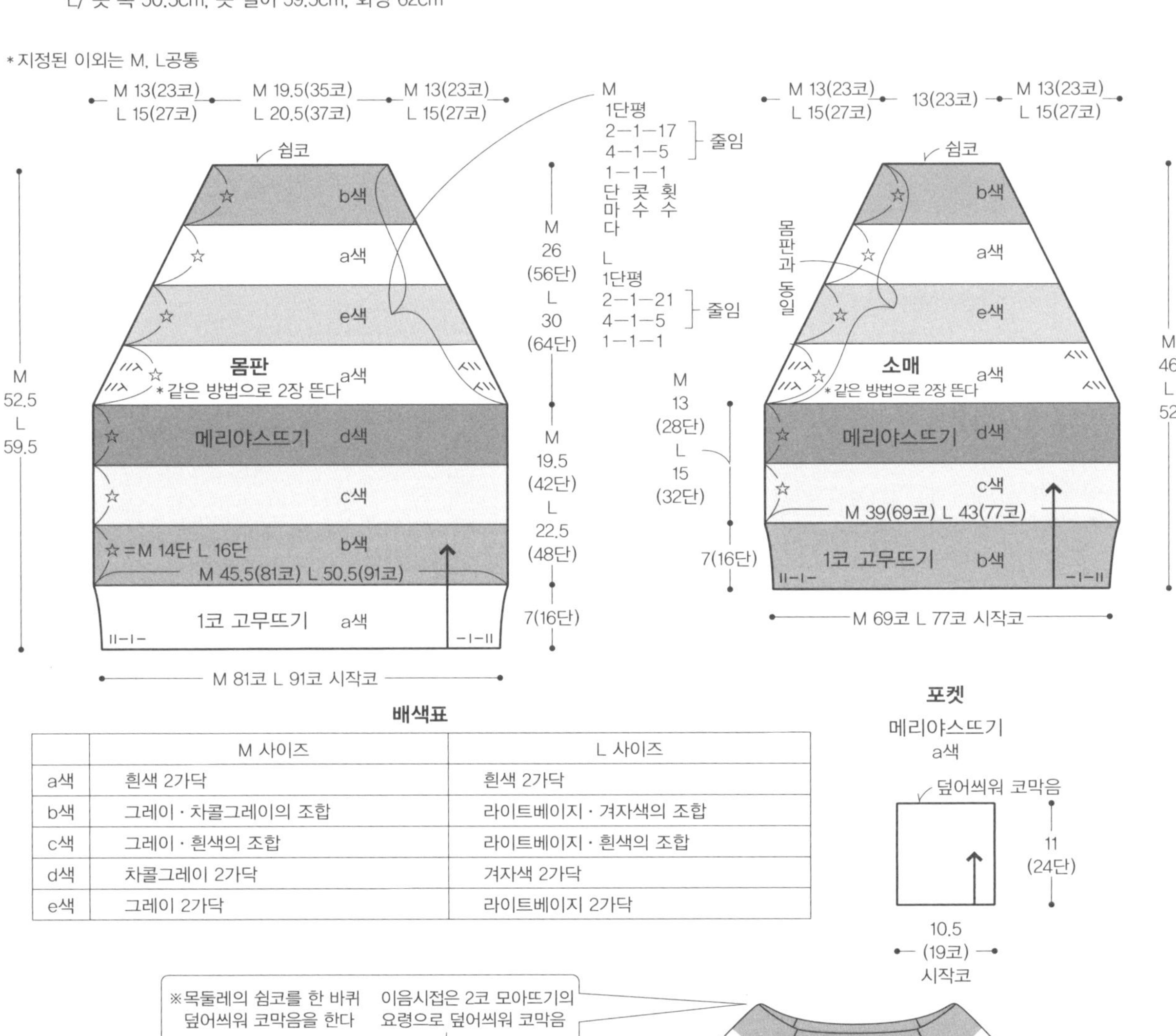

배색표

	M 사이즈	L 사이즈
a색	흰색 2가닥	흰색 2가닥
b색	그레이 · 차콜그레이의 조합	라이트베이지 · 겨자색의 조합
c색	그레이 · 흰색의 조합	라이트베이지 · 흰색의 조합
d색	차콜그레이 2가닥	겨자색 2가닥
e색	그레이 2가닥	라이트베이지 2가닥

E 스톨 >>> page 10

실: 병태사 라벤더 190g, 흰색 15g(하마나카 플럭스 K 15, 11)
도구: 대바늘 7호 2개
게이지: 무늬뜨기 23.5코 23.5단이 사방 10cm
사이즈: 폭 22cm, 길이 197cm
뜨는 방법: 실은 1가닥으로 지정된 배색으로 뜬다.
손가락에 실을 거는 방법으로 52코 시작코를 만들어 메리야스뜨기와 무늬뜨기로 코의 증감 없이 뜬다. 뜨개 마무리는 덮어씌워 코막음을 한다.

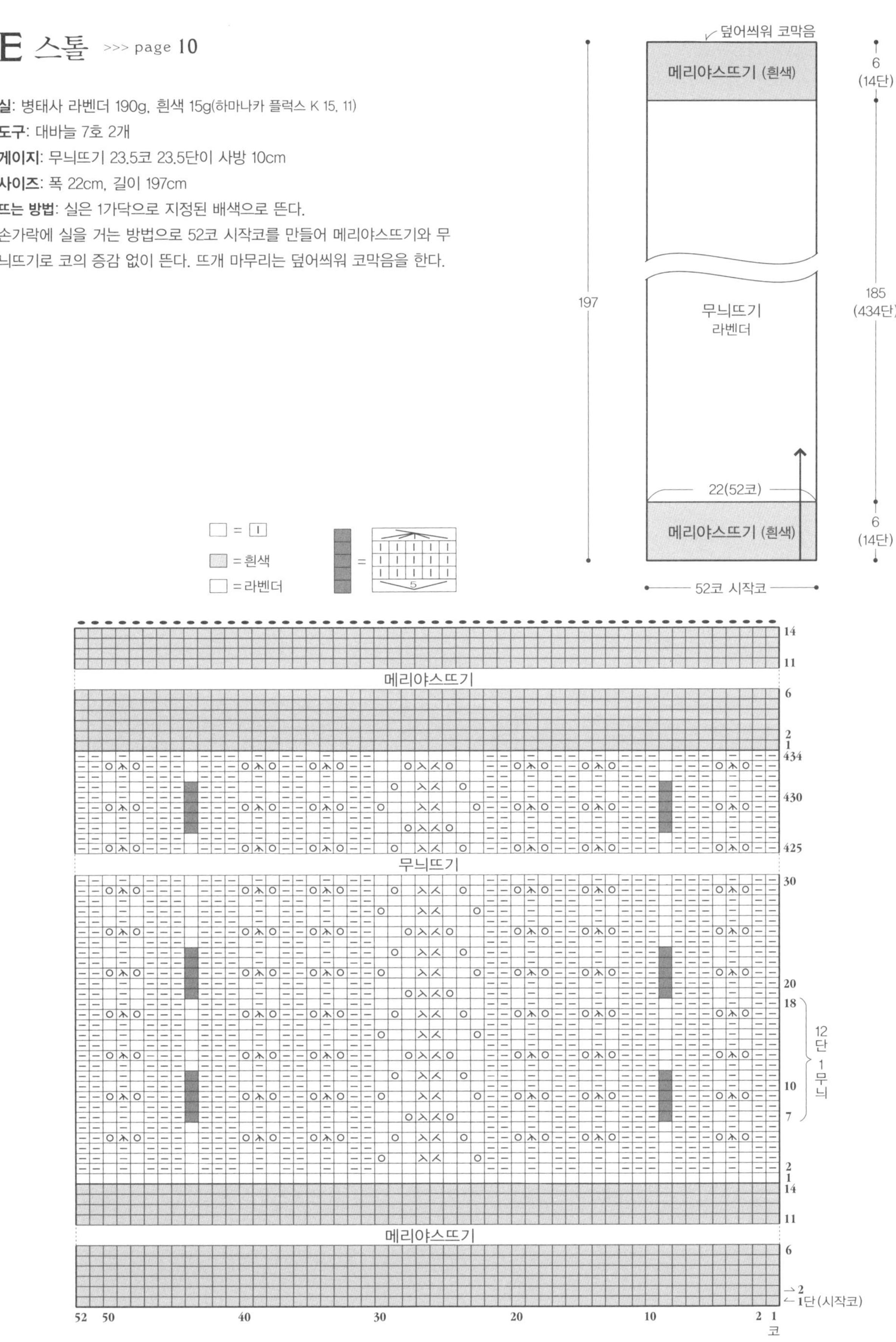

F 카디건 >>> page 11

실: 병태사 흰색(하마나카 플럭스 K 11)
　　M/ 285g　L/ 360g

도구: 대바늘 8호 2개

기타: 직경 1.8cm 단추 5개

게이지: 무늬뜨기 A · B 18.5코 27단이 사방 10cm

사이즈: M/ 옷 폭 75cm, 옷 길이 63.5cm
　　　　L/ 옷 폭 83cm, 옷 길이 71cm

뜨는 방법: 실은 1가닥으로 뜬다. 뒤판은 손가락에 실을 거는 방법으로 시작코를 만들어 1코 고무뜨기를 한다. 연결해서 무늬뜨기 A로 코를 증감하면서 뜨고, 뜨개 마무리는 덮어씌워 코막음을 한다. 앞판도 같은 방법으로 시작코를 만들어 1코 고무뜨기와 무늬뜨기 C를 뜬다. 연결해서 무늬뜨기 B·C로 코를 증감하면서 뜨고, 오른쪽 앞판에 단춧구멍을 만들고 뜨개 마무리는 2코를 1코로 줄이며 덮어씌워 코막음을 한다. 어깨를 떠서 꿰매기를 한다. 소매는 진동둘레에서 코를 주워 1코 고무뜨기로 뜨고, 뜨개 마무리는 앞단과 같은 기호로 덮어씌워 코막음을 한다. 옆선과 소매 아래를 연결해서 떠서 꿰매기를 한다. 단추를 단다.

*지정된 이외는 M, L공통

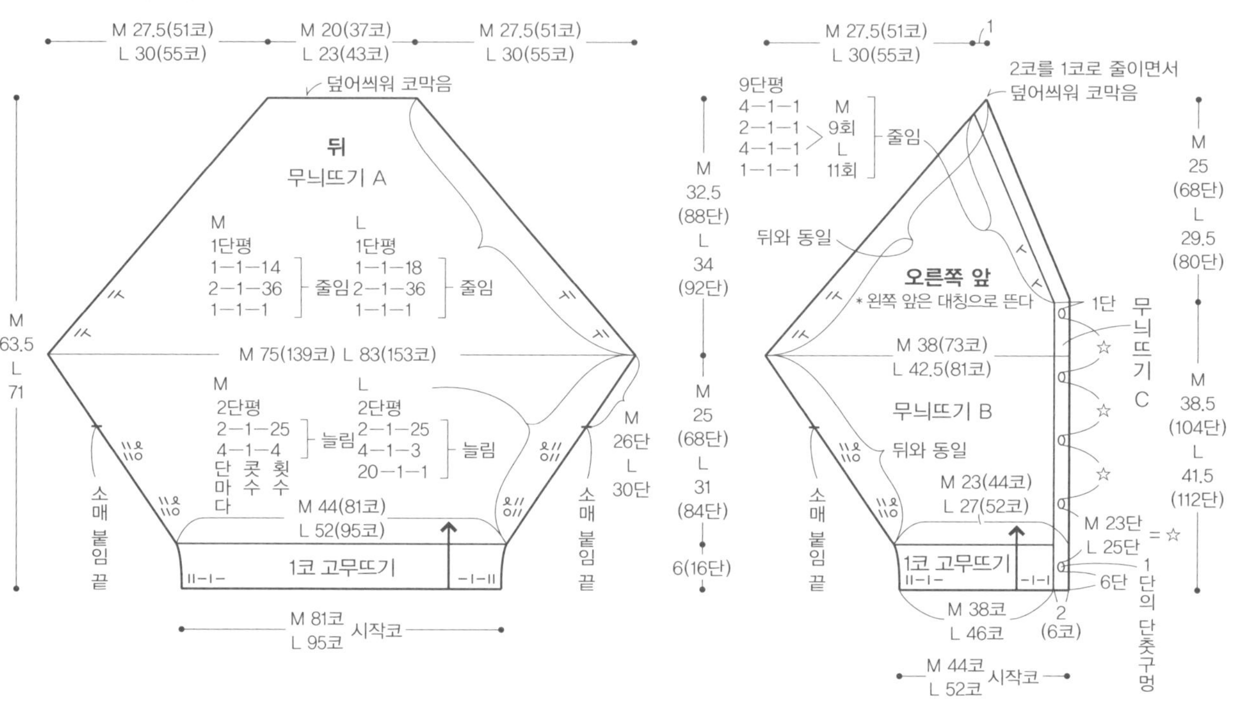

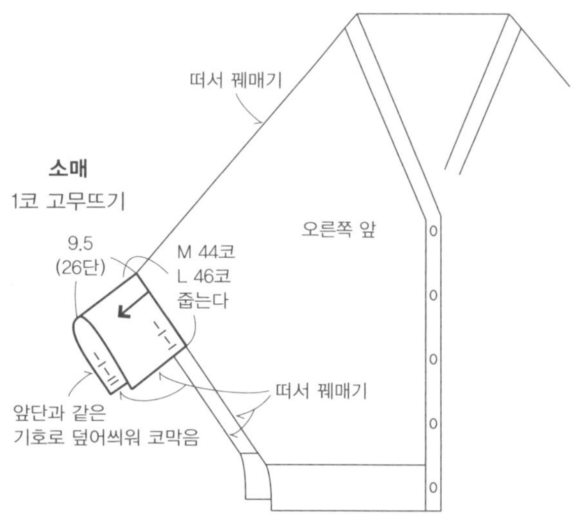

무늬뜨기 A 기호도와 M 사이즈 코 늘리는 방법

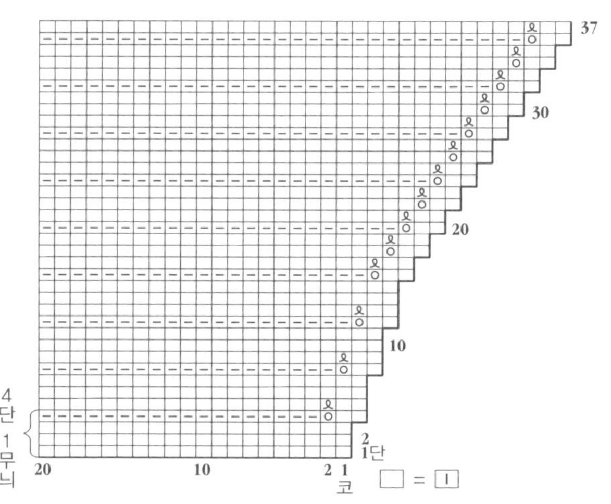

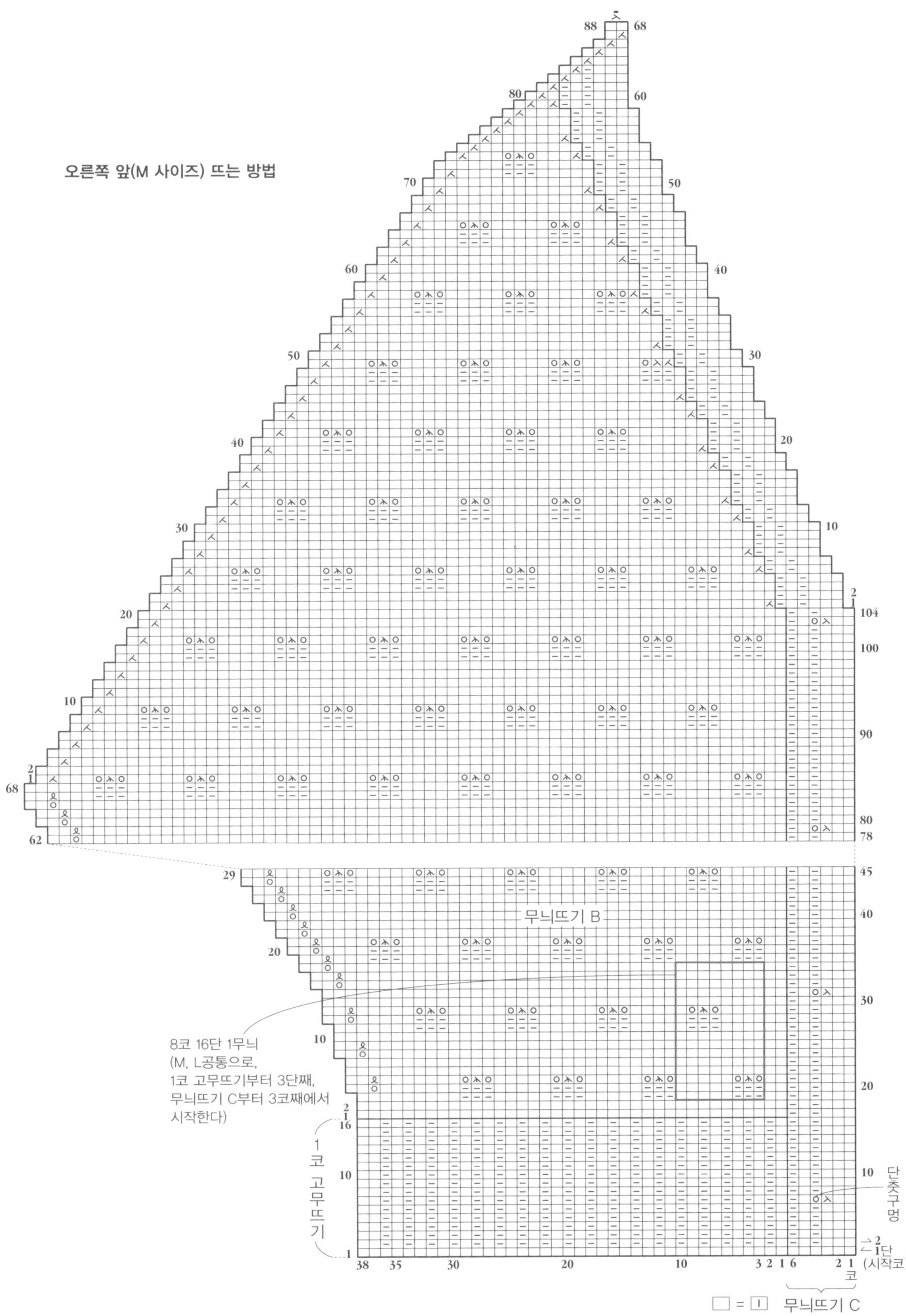

오른쪽 앞(M 사이즈) 뜨는 방법
무늬뜨기 B
8코 16단 1무늬
(M, L공통으로,
1코 고무뜨기부터 3단째,
무늬뜨기 C부터 3코째에서
시작한다)
1코 고무뜨기
단춧구멍
단(시작코)
코
□ = ① 무늬뜨기 C

G 풀오버 >>> page 12, 13

실: 중세사

    M/ 그레이색 155g, 겨자색 80g, 흰색 55g

    L/ 샌드베이지 185g, 감색 90g, 흰색 60g

    (하마나카 플럭스 C 4, 105, 1, 3, 7, 1)

도구: 코바늘 5/0, 6/0호

게이지: 긴뜨기 21코 8.5단이 사방 10cm

사이즈: M/ 옷 폭 51cm, 옷 길이 50.5cm, 화장 55.5cm

    L/ 옷 폭 56cm, 옷 길이 55cm, 화장 60.5cm

*지정된 이외는 M, L 공통

뜨는 방법: 실은 1가닥, 지정된 배색과 바늘로 뜬다.

몸판, 소매는 사슬뜨기로 시작코를 만들어 긴뜨기로 그림처럼 코를 늘리면서 뜨고, 연결해서 무늬뜨기 A, B로 코의 증감 없이 뜬다. 같은 것을 2장씩 뜬다.

래글런 선을 사슬꿰매기를 한다. 옆선과 소매 아래를 연결해서 사슬꿰매기를 한다. 목둘레는 몸판과 소매에서 코를 주워 가장자리뜨기로 둥글게 2단 뜬다.

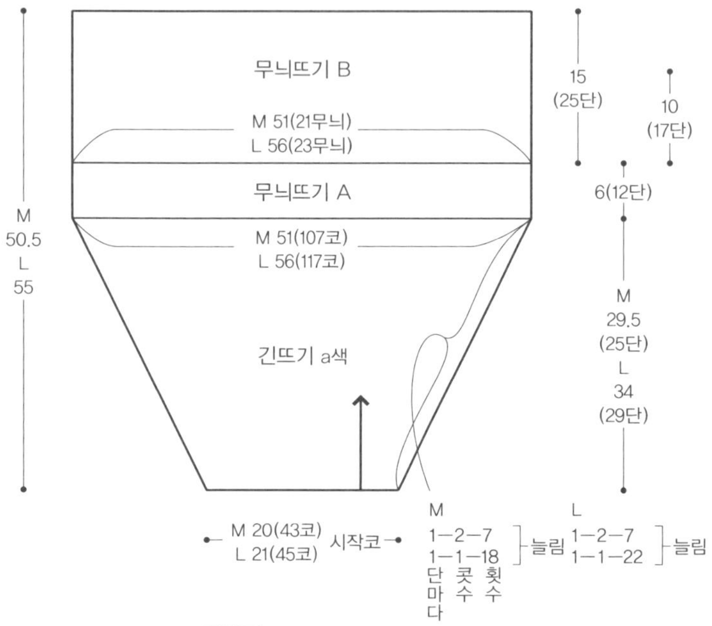

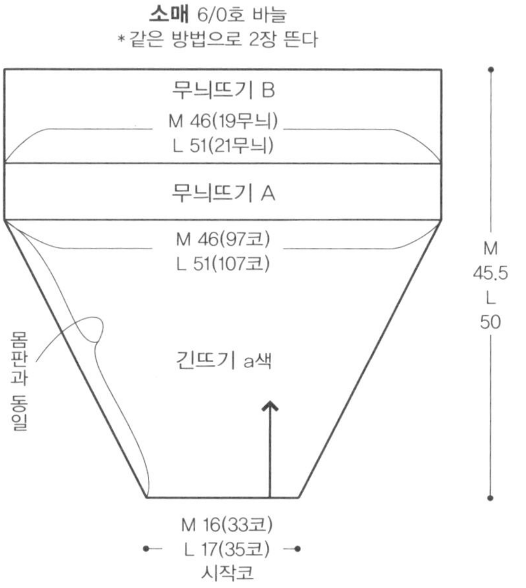

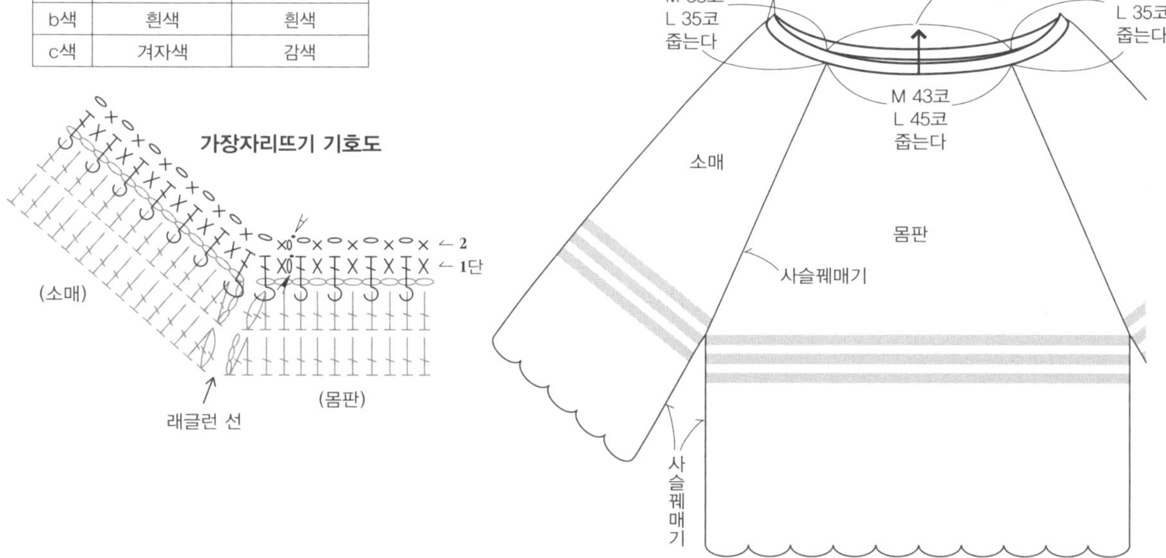

배색표	M 사이즈	L 사이즈
a색	그레이	샌드베이지
b색	흰색	흰색
c색	겨자색	감색

몸판, 소매 뜨는 방법

*지정된 이외는 몸판 M, L, 소매 M, L 공통

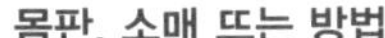

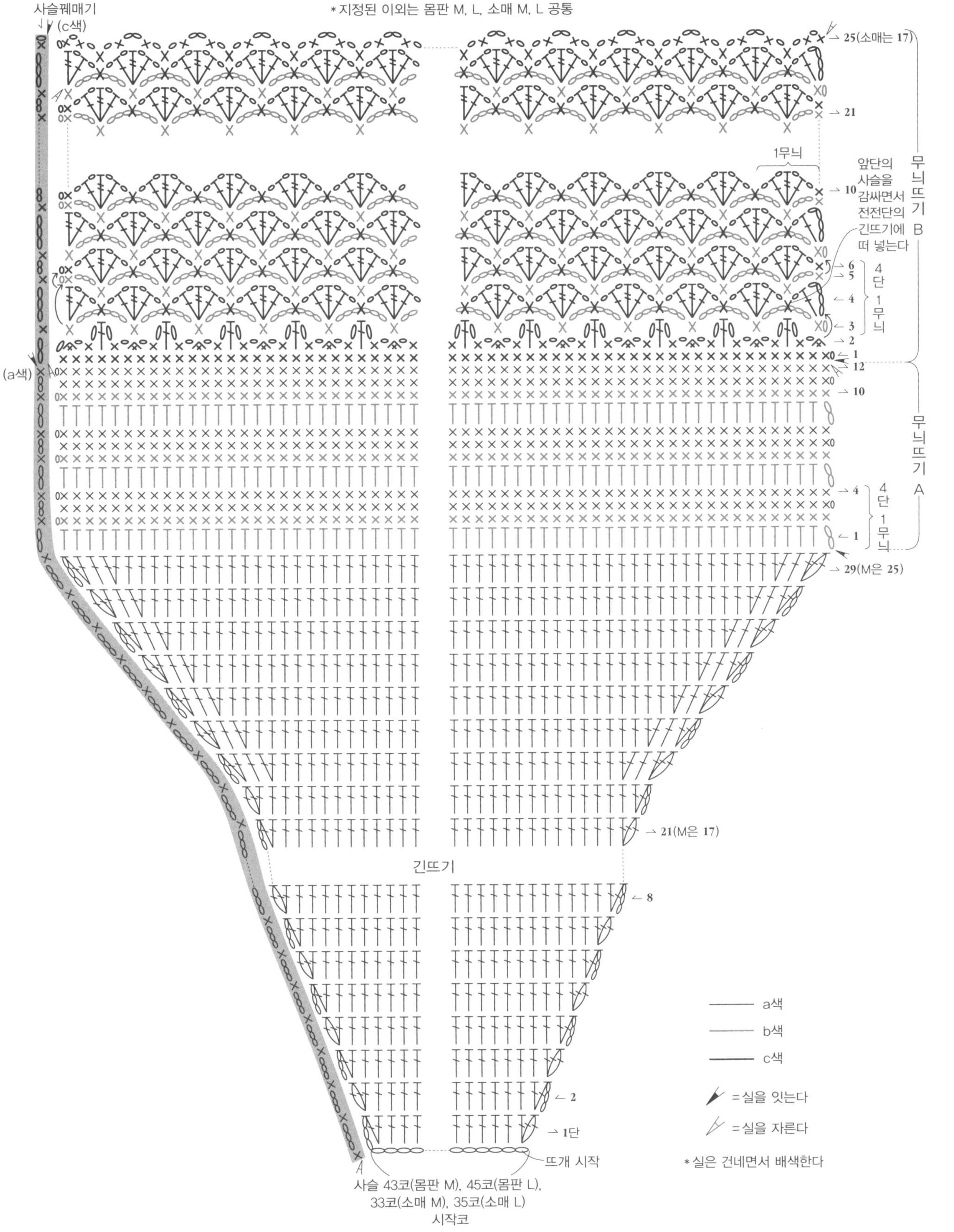

실: 병태사 흰색 155g, 샌드베이지 50g(하마나카 플럭스 K 11, 13)
　　 병태사 라이트베이지 155g(하마나카 플럭스 S 21)
도구: 대바늘 7호 2개
게이지: 무늬뜨기 A, B 20.5코 28.5단이 사방 10cm
사이즈: 폭 91.5cm, 옷 길이 45cm

뜨는 방법: 실은 1가닥으로 지정된 배색으로 뜬다.
몸판은 손가락에 실을 거는 방법으로 95코 시작코를 만들어 1코 고무뜨기로 12단 뜨고, 연결해서 무늬뜨기 A, 무늬뜨기 B, 1코 고무뜨기로 그림처럼 뜬다. 뜨개 마무리는 앞단과 같은 기호로 덮어씌워 코막음을 한다.
같은 것을 2장 뜬다. 어깨선을 떠서 꿰매기를 한다.

몸판
*같은 방법으로 2장 뜬다

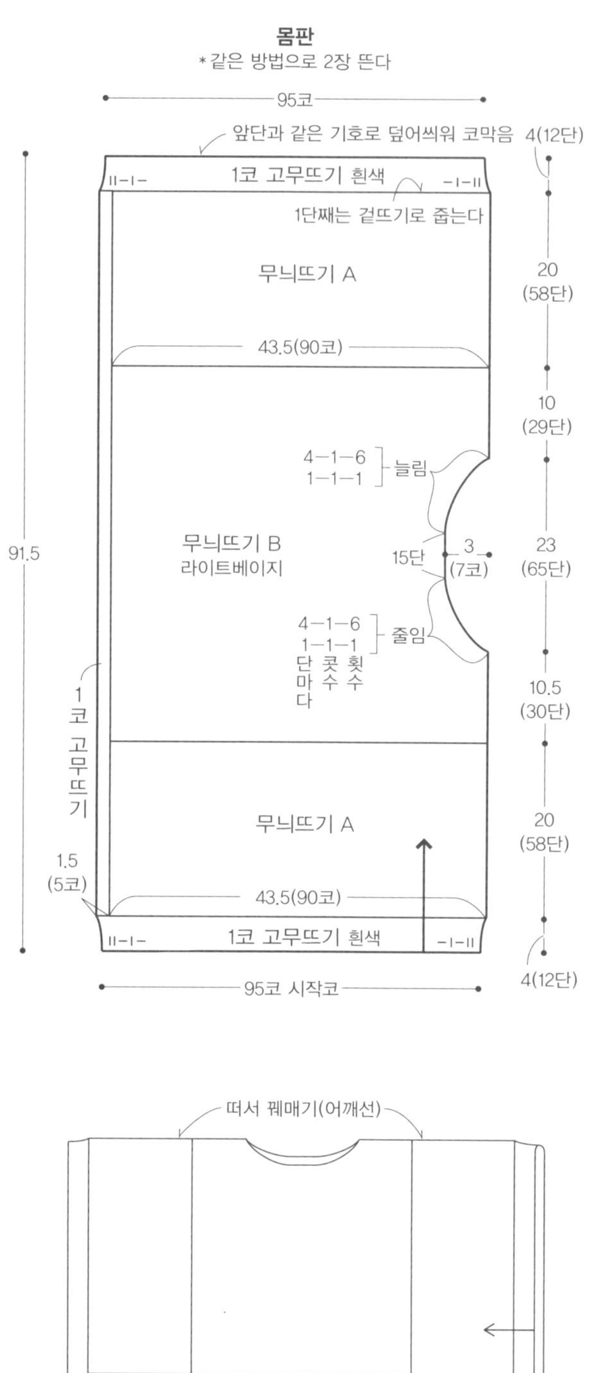

목둘레 뜨는 방법

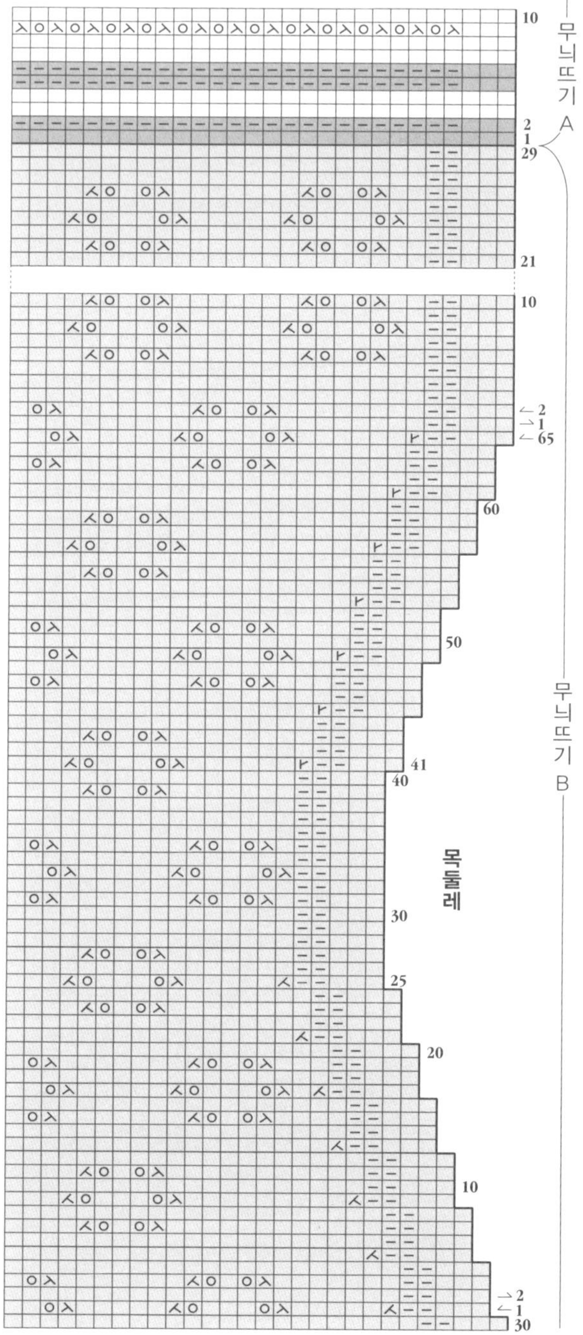

몸판 뜨는 방법

무늬뜨기 B
12코 16단 1무늬
무늬뜨기 A
12코 1무늬
1코 고무뜨기
30
20
10
5
2 1
58
50
40
30
20
10
2 1
12
10
→2
←1단
95 90 80 78 40 30 20 10 2 1 (시작코)
코
코
□ = Ｉ □ =흰색 ■ =샌드베이지 □ =라이트베이지

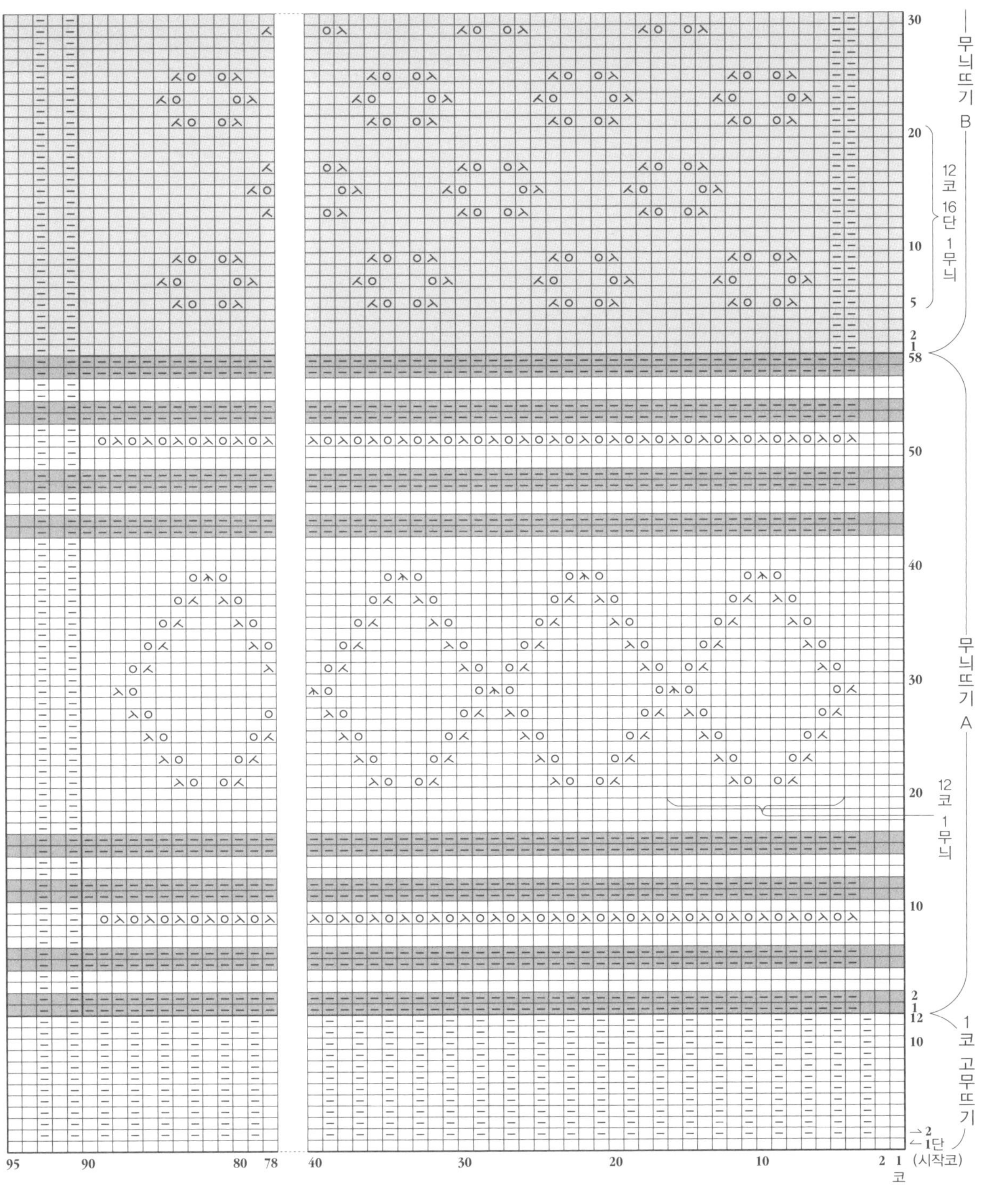

▍장식 칼라 >>> page 15

실: 병태사 원사 25g(하마나카 아마실 리넨 1)
도구: 코바늘 4/0호
기타: 스프링호크 5mm 1쌍
게이지: 무늬뜨기 23코 12단이 사방 10cm
사이즈: 목둘레 44cm

뜨는 방법: 실은 1가닥으로 뜬다.
사슬뜨기로 101코 시작코를 만들어 무늬뜨기로 코를 늘리면서
6단 뜬다. 뜨개 시작 쪽 모서리에 스프링호크를 단다.

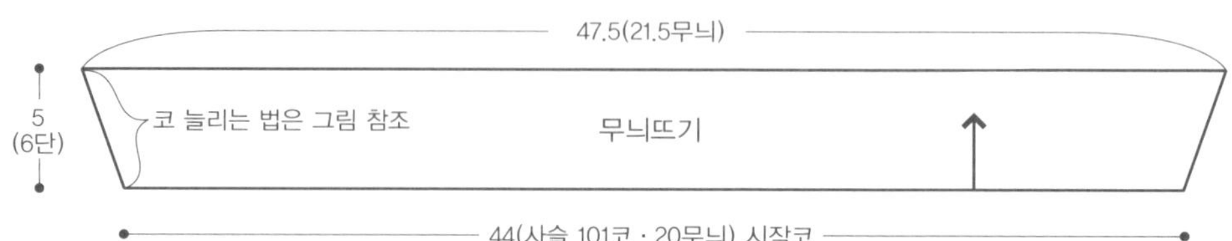

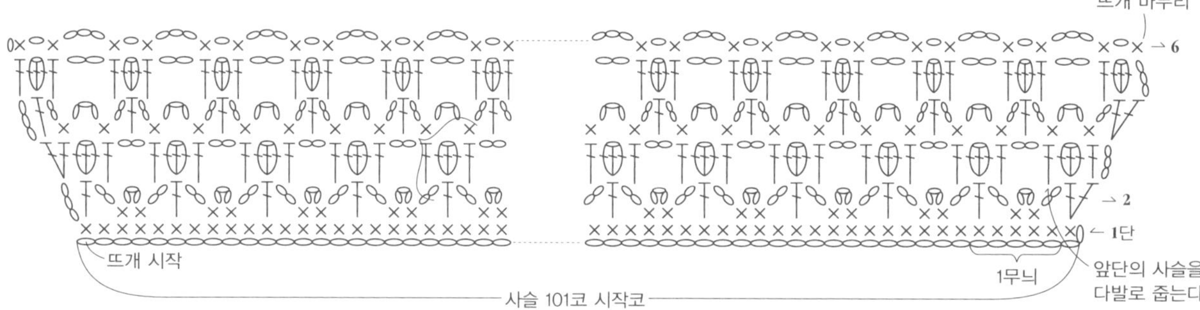

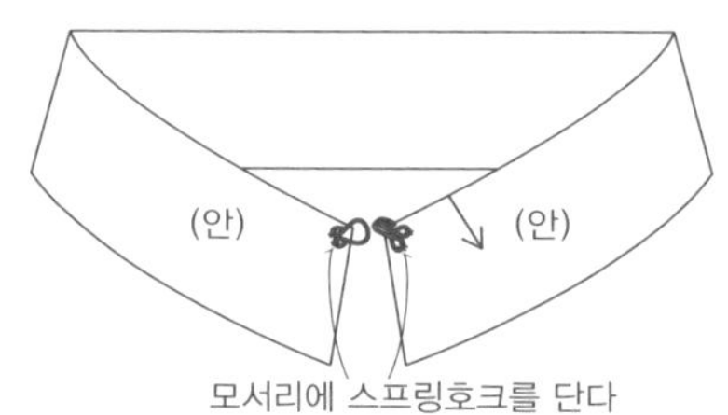

**긴뜨기 5코
팝콘뜨기**

※콧수가 다른 경우도
같은 요령으로 뜬다

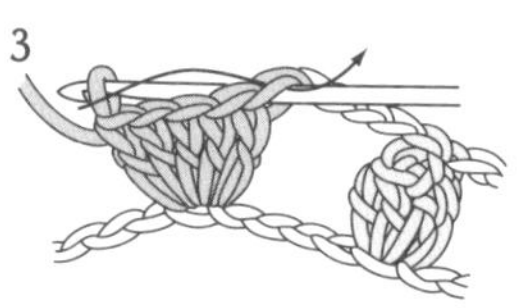

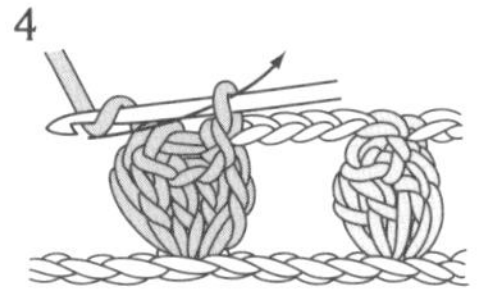

K 목걸이 >>> page 17

실: 병태사 흰색과 골드의 리버서블 10g(하마나카 에마이유 1)
도구: 코바늘 4/0호
게이지: 무늬뜨기 1무늬가 1.7cm
사이즈: 길이 109cm

뜨는 방법: 실은 1가닥으로 뜬다.
사슬뜨기로 시작코를 만들어 그림처럼 55무늬뜨기를 한다.
연결해서 사슬뜨기와 빼뜨기를 한다.
뜨개 시작의 실로 꿰매 붙여 원을 만든다.

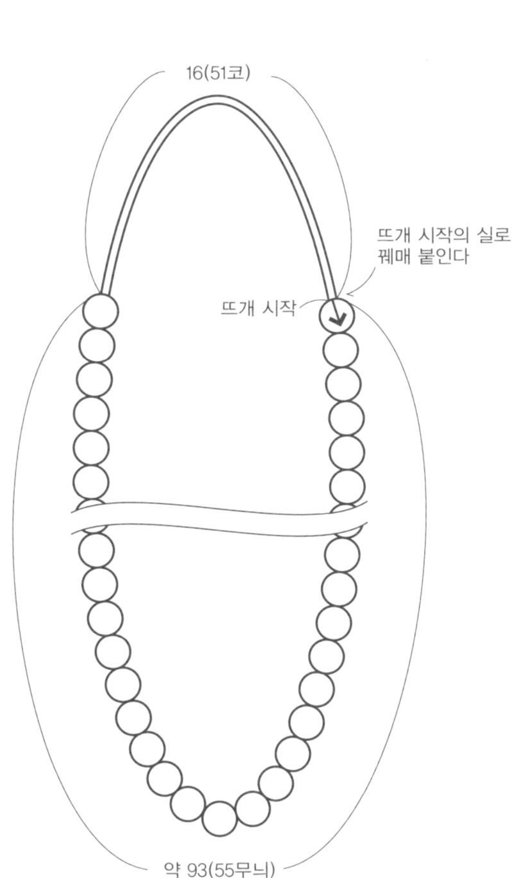

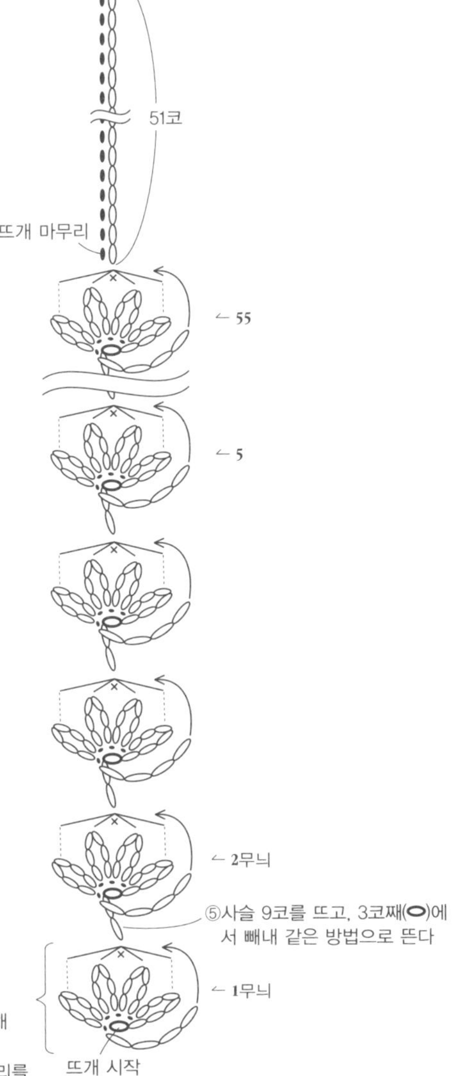

①사슬 7코를 뜨고 1코째(○)의 뒷산에서 빼내 고리를 만든다
②사슬 6코를 뜨고, ①과 같은 방법으로 빼낸다
③②를 반복하여 ①의 고리를 포함해 4고리를 뜬다
④연결해서 사슬 4코를 뜨고, 각 고리를 다발로 주워 짧은뜨기 4코 모아뜨기를 한다

J 투웨이 풀오버 >>> page 16

실: 중세사 그레이베이지 210g(하마나카 워시코튼 《크로셰》 118)

중세사 황금색 200g(하마나카 사라사 4)

도구: 대바늘 10호 2개, 대바늘 8호 4개

게이지: 무늬뜨기 18코 24.5단이 사방 10cm

사이즈: 옷 폭 51.5cm, 옷 길이 56cm, 화장 37.5cm

뜨는 방법: 실은 그레이베이지와 황금색 1가닥씩을 결합하여 지정된 바늘로 뜬다. 뒤판, 소매는 손가락에 실을 거는 방법으로 시작코를 만들어 1코 고무뜨기, 무늬뜨기로 그림처럼 코를 줄이면서 뜨고, 뜨개 마무리는 쉼코로 둔다. 앞판도 같은 방법으로 뜨는데 변형 고무뜨기, 1코 고무뜨기, 무늬뜨기로 뜬다. 래글런 선을 떠서 꿰매기를 한다. 옆선과 소매 아래를 연결해서 떠서 꿰매기를 한다.

목둘레는 오른쪽 앞과 왼쪽 앞을 그림처럼 겹치면서 코를 줍고 1코 고무뜨기로 둥글게 뜬 후, 뜨개 마무리는 앞단과 같은 기호로 덮어씌워 코막음을 한다. 포켓을 메리야스뜨기와 안메리야스뜨기로 뜨고, 지정된 위치에 꿰매 붙인다.

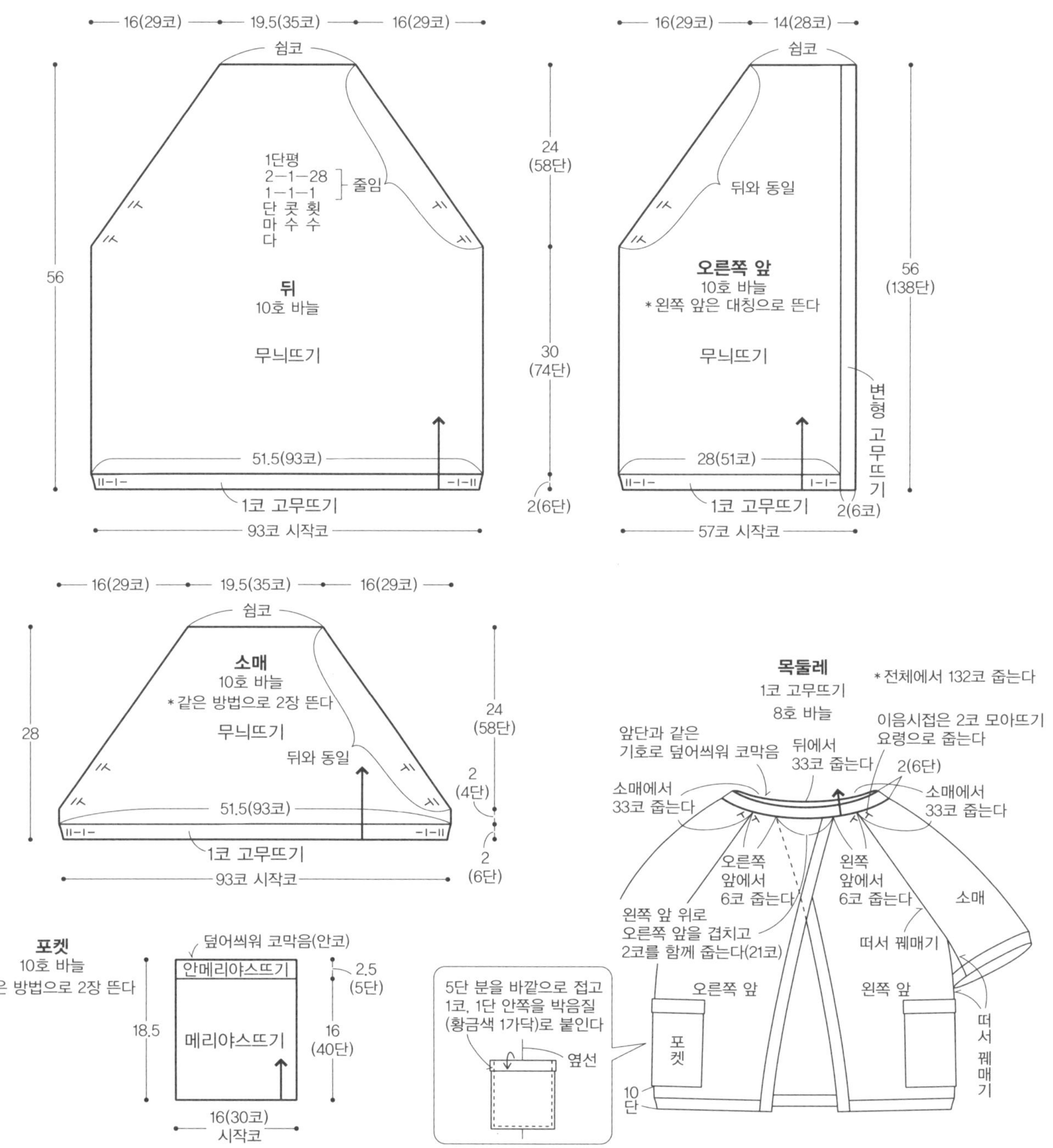

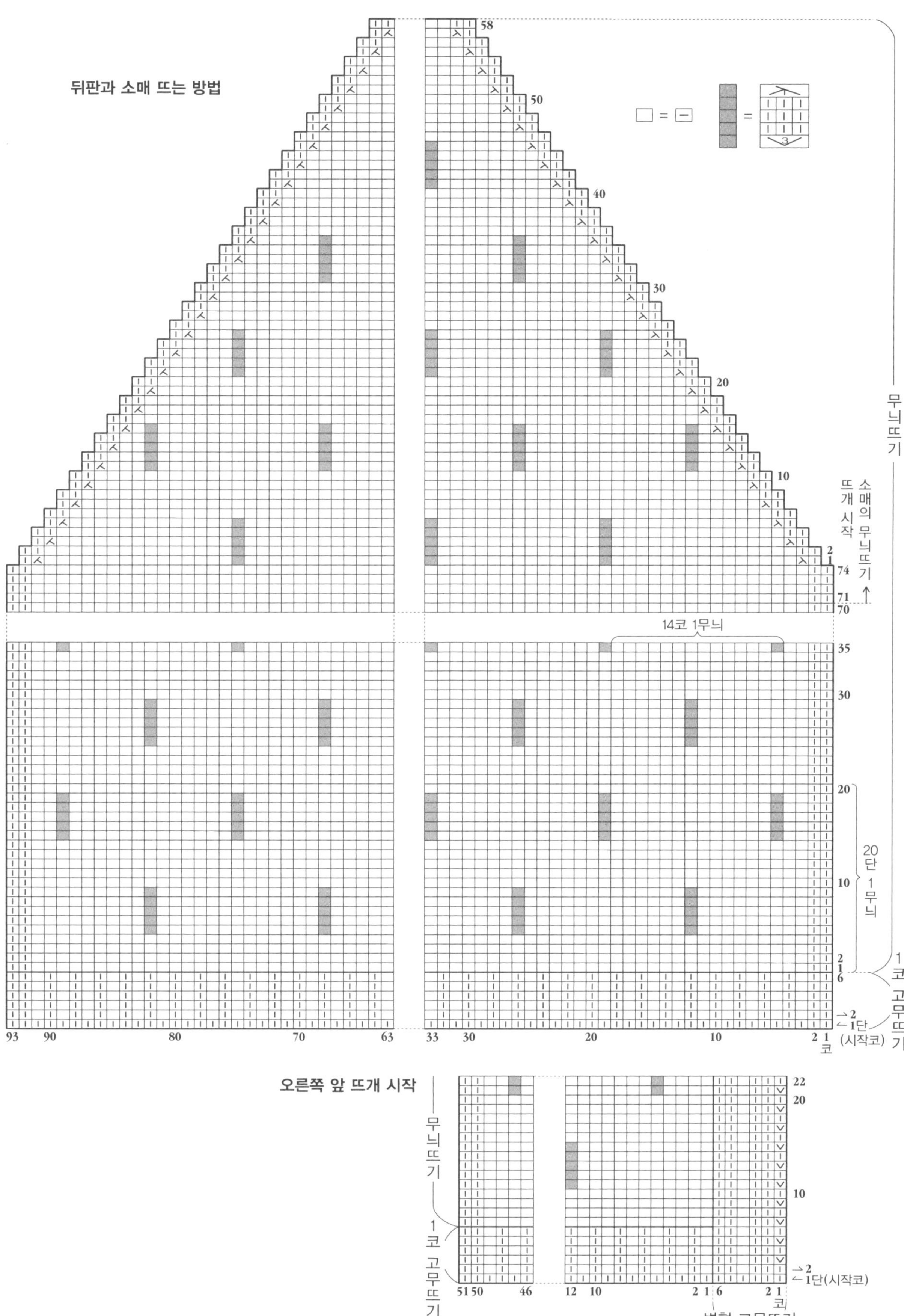

뒤판과 소매 뜨는 방법
무늬뜨기
소매의 무늬뜨기
뜨개 시작
14코 1무늬
20단 1무늬
1코 고무뜨기
2단
1단(시작코)
코
오른쪽 앞 뜨개 시작
무늬뜨기
1코 고무뜨기
변형 고무뜨기
1단(시작코)
코

L 카디건 & 스톨 >>> page 18

실: 병태사 인디고 340g(하마나카 플럭스 K 16)

도구: 코바늘 6/0호, 7/0호

게이지: 무늬뜨기 A 20코 10.5단이 사방 10cm
무늬뜨기 B 20코 8단이 사방 10cm

사이즈: 옷 길이 76cm, 화장 48cm

뜨는 방법: 실은 1가닥으로 지정된 바늘로 뜬다.
몸판은 사슬뜨기로 193코 시작코를 만들어 6/0호 바늘로 무늬뜨기 A를 코의 증감 없이 42단 뜬다. 7/0호 바늘로 무늬뜨기 A의 시작코에서 코를 주워, 무늬뜨기 B를 코의 증감 없이 29단 뜬다. 무늬뜨기 A, B의 뜨개 마무리끼리 맞추고 소맷부리 끝까지 사슬꿰매기 한다.

몸판

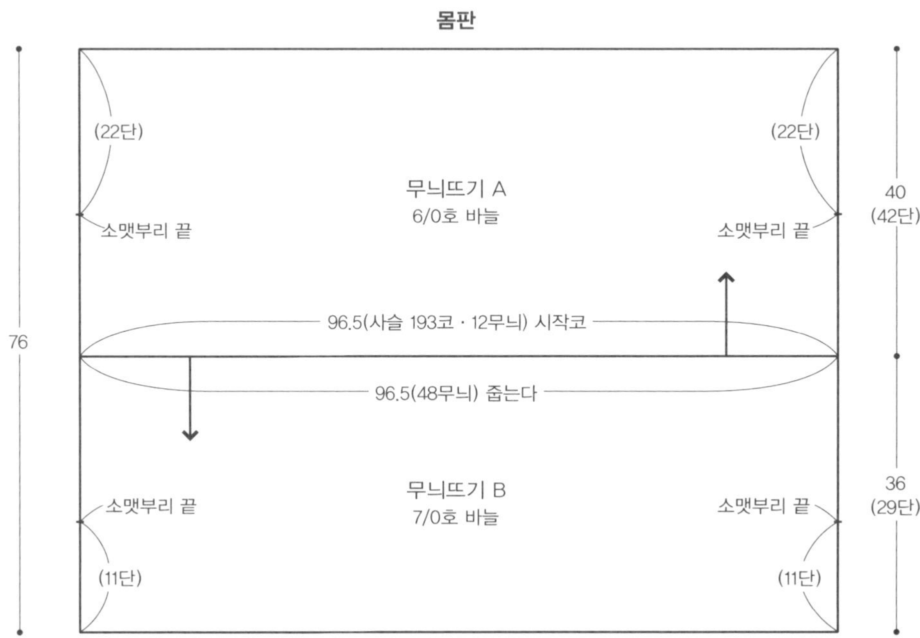

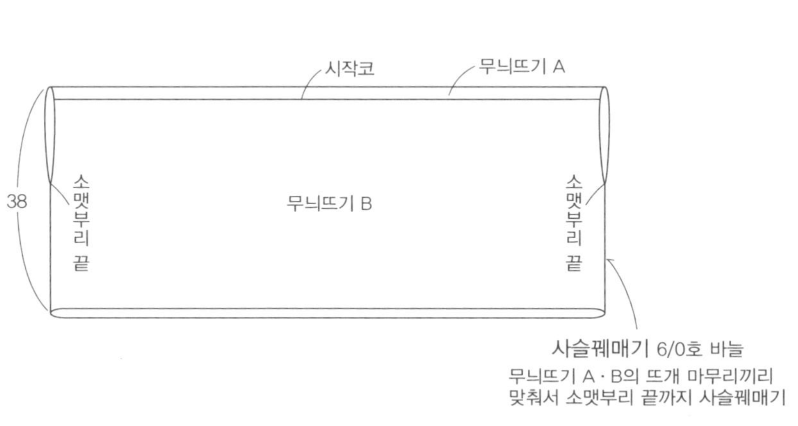

사슬꿰매기 뜨기 방법

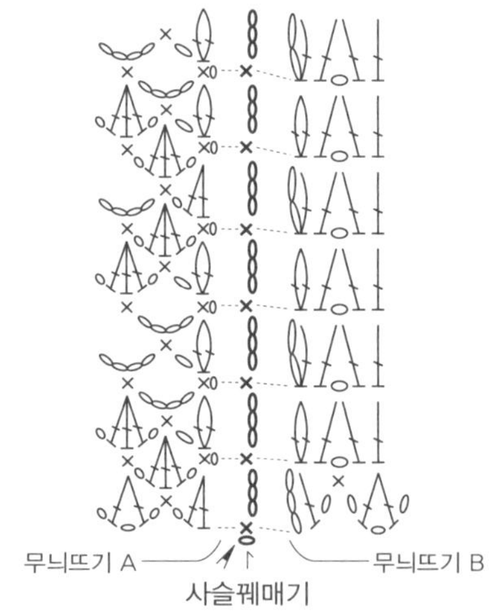

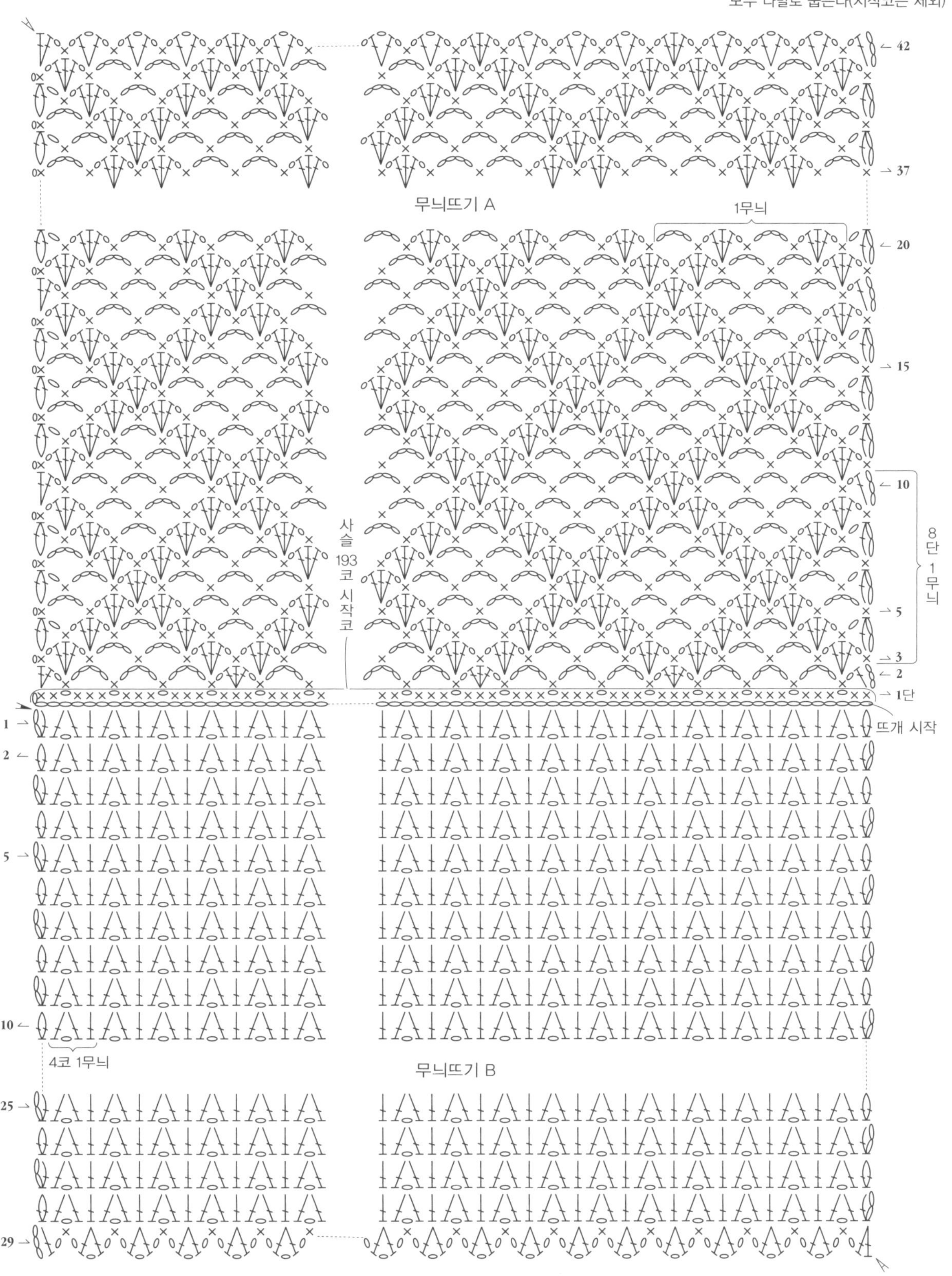
몸판 뜨는 방법
*앞단 사슬코의 짧은뜨기는
모두 다발로 줍는다(시작코는 제외)
무늬뜨기 A
1무늬
42
37
20
15
10
5
3
2
1단
8단 1무늬
사슬 193코 시작코
뜨개 시작
1
2
5
10
4코 1무늬
무늬뜨기 B
25
29
=실을 잇는다
=실을 자른다

M 캐미솔 >>> page 20

실: 중세사 옐로 계열 240g(하마나카 워시코튼《크로셰》그러데이션 201)
중세사 감색 45g(하마나카 플럭스 C 7)
도구: 코바늘 5/0호
게이지: 무늬뜨기 A 1무늬가 2cm, 11.5단이 10cm
무늬뜨기 B 30코 10.5단이 사방 10cm
사이즈: 옷 폭 약 42cm, 옷 길이 58cm
뜨는 방법: 실은 1가닥으로 몸판은 옐로 계열, 요크는 감색으로 뜬다.
몸판은 사슬뜨기로 284코 시작코로 원을 만들어 무늬뜨기 A로 그림처
럼 둥글게 41단을 뜬다. 뜨개 시작의 사슬코를 꿰매어 합친다.
요크는 몸판의 시작코에서 코를 주워 무늬뜨기 B로 1단만 둥글게 뜨고
2단부터는 앞뒤로 나누어 왕복으로 뜬다. 연결해서 어깨끈을 뜬다. 앞
뒤 어깨끈의 뜨개 마무리끼리 감침질한다.

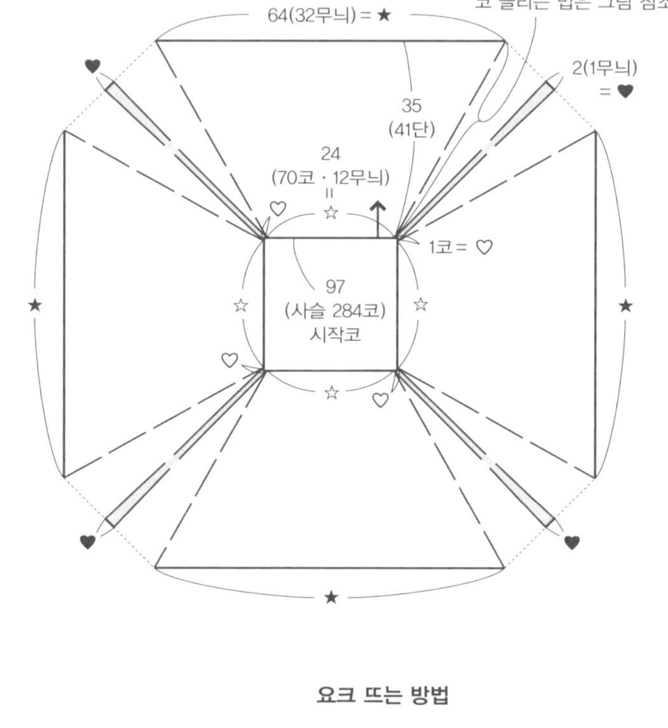

앞뒤 어깨끈의
뜨개 마무리끼리 감침질

어깨끈

✐ =실을 잇는다
✐ =실을 자른다

요크 뜨는 방법

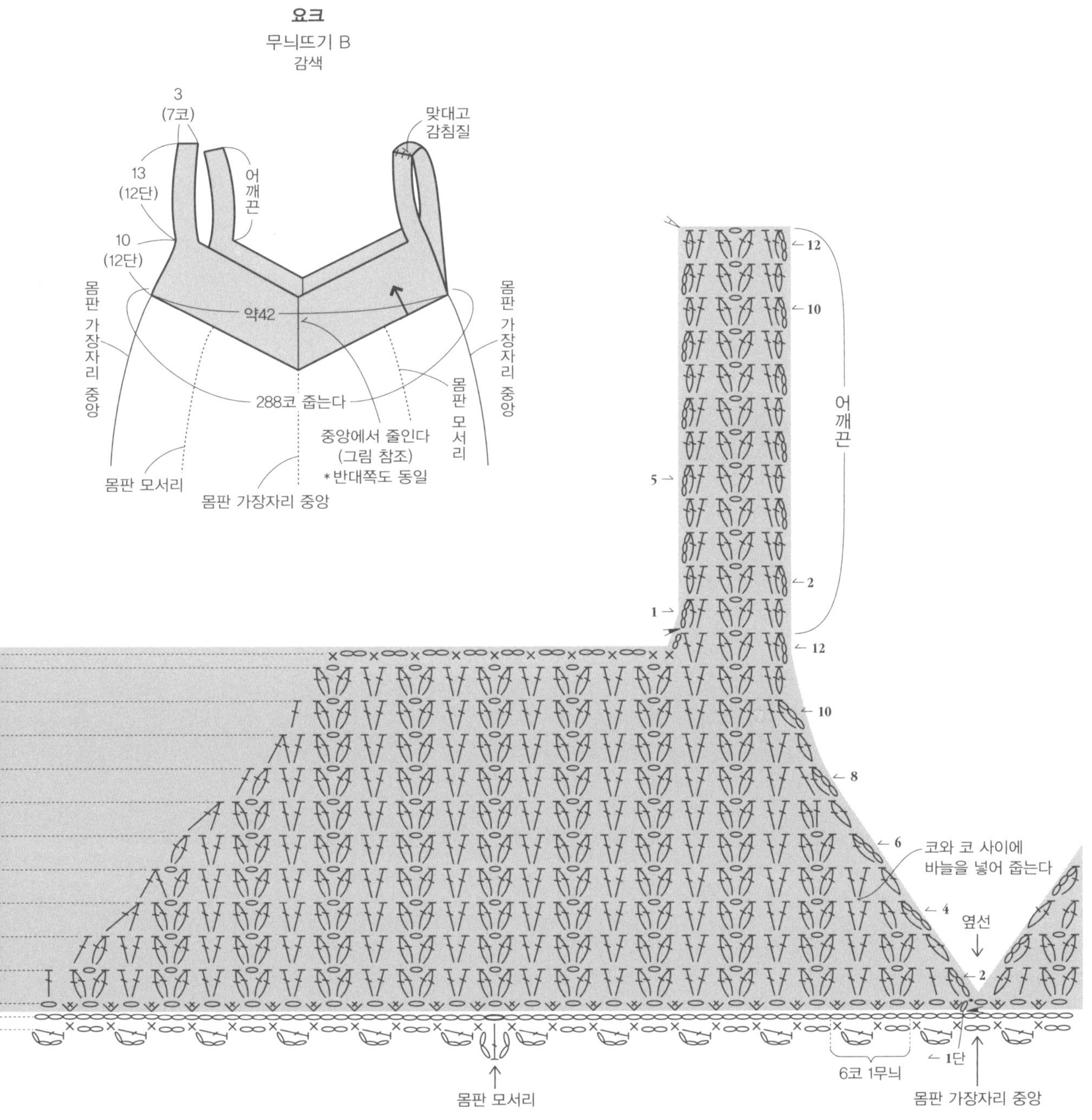

요크
무늬뜨기 B
감색
3
(7코)
13
(12단)
10
(12단)
맞대고
감침질
어깨끈
몸판 가장자리 중앙
몸판 가장자리 중앙
몸판 모서리
약42
288코 줍는다
중앙에서 줄인다
(그림 참조)
*반대쪽도 동일
몸판 모서리
몸판 가장자리 중앙
어깨끈
12
10
5
2
1
12
10
8
6
4
2
코와 코 사이에
바늘을 넣어 줍는다
옆선
6코 1무늬
1단
몸판 모서리
몸판 가장자리 중앙

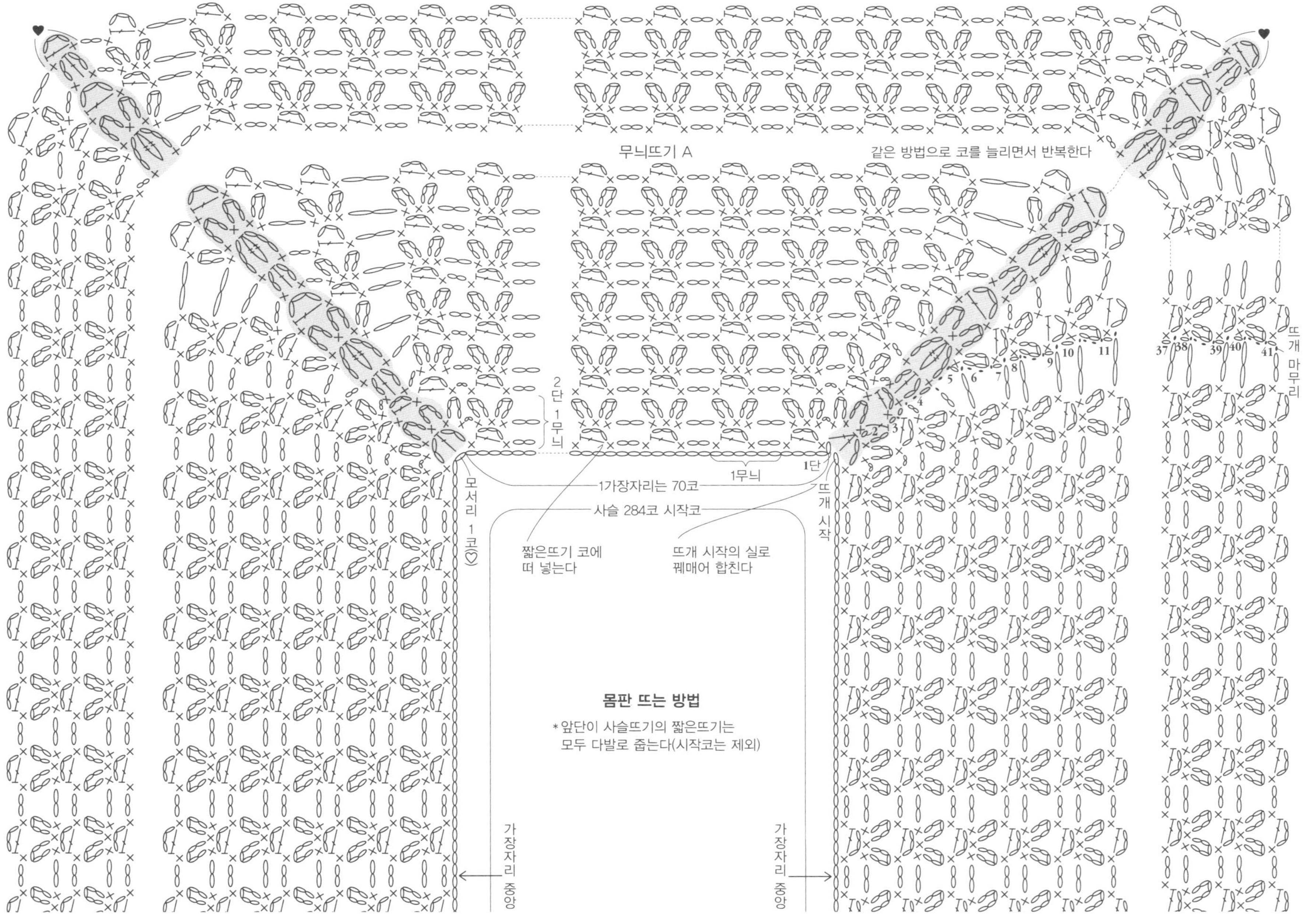
무늬뜨기 A
같은 방법으로 코를 늘리면서 반복한다
뜨개 마무리
37 38 39 40 41
5 6 7 8 9 10 11
4
2 3
2단 1무늬
1무늬
1단
뜨개 시작
1가장자리는 70코
사슬 284코 시작코
모서리 1코(♡)
짧은뜨기 코에
떠 넣는다
뜨개 시작의 실로
꿰매어 합친다
몸판 뜨는 방법
*앞단이 사슬뜨기의 짧은뜨기는
모두 다발로 줍는다(시작코는 제외)
가장자리 중앙
가장자리 중앙

N 슬리브리스 풀오버 >>> page 22

실: M/ 병태사 자주색 225g(하마나카 플럭스 S 25)
　　 L/ 병태사 원사 275g(하마나카 폼므 《무지면》 니트 21)

도구: 대바늘 7호 2개, 코바늘 6/0호

게이지: 메리야스뜨기 19코 27단이 사방 10cm

사이즈: M/ 옷 폭 53cm, 옷 길이 55cm
　　　　 L/ 옷 폭 59cm, 옷 길이 58cm

뜨는 방법: 실은 1가닥으로, 목둘레 이외는 7호 바늘로 뜬다.
뒤판, 앞판은 손가락에 실을 거는 방법으로 시작코를 만든다. 2코 고무뜨기, 메리야스뜨기, 무늬뜨기로 그림처럼 코를 증감하면서 뜨고, 뜨개 마무리는 덮어씌워 코막음과 쉼코로 둔다.
어깨를 떠서 꿰매기를 한다. 옆선은 쉼코와 시작코를 메리야스 잇기를 한다.
목둘레는 6/0호 바늘로 몸판에서 코를 주워 가장자리뜨기를 한다.

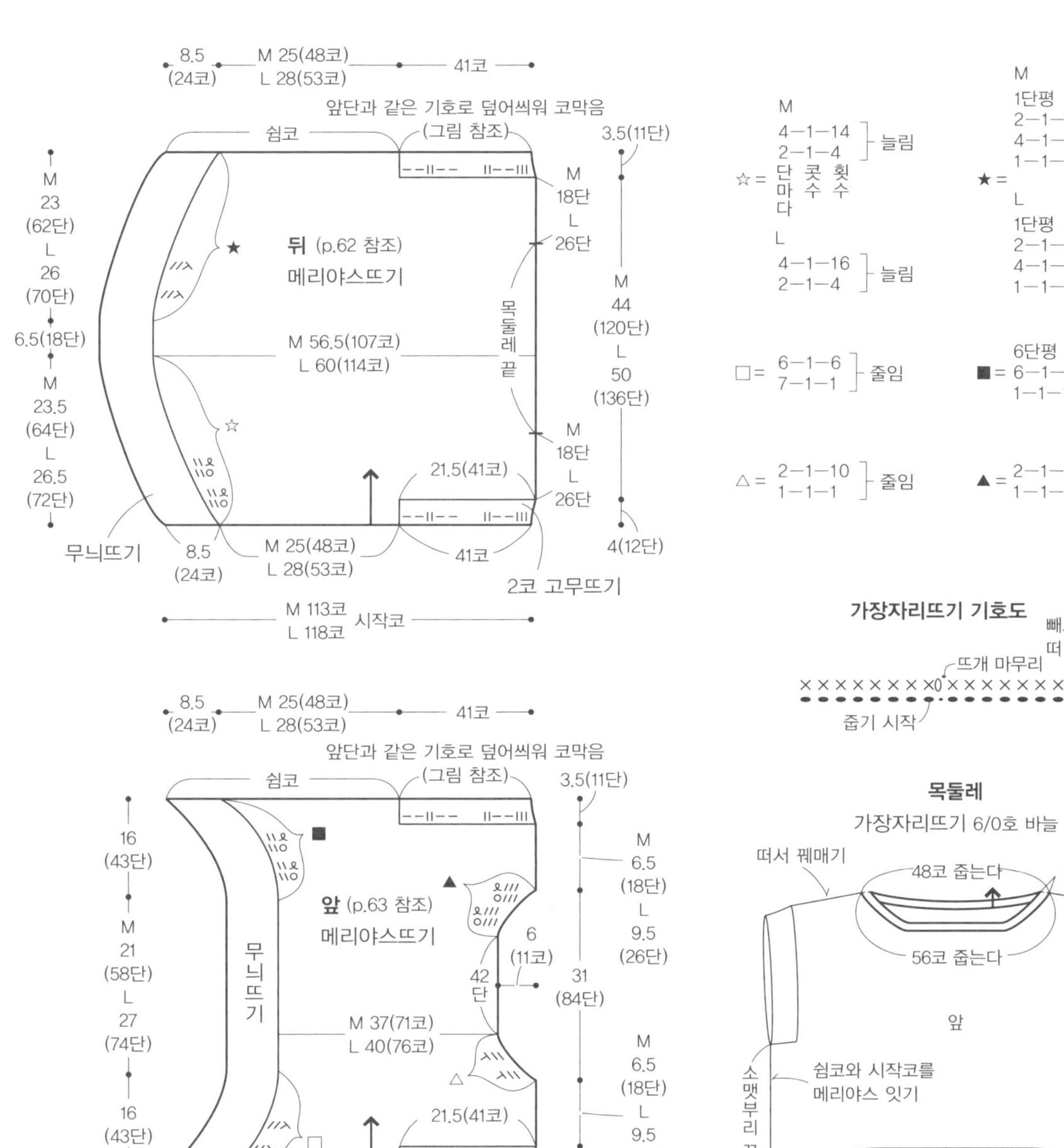

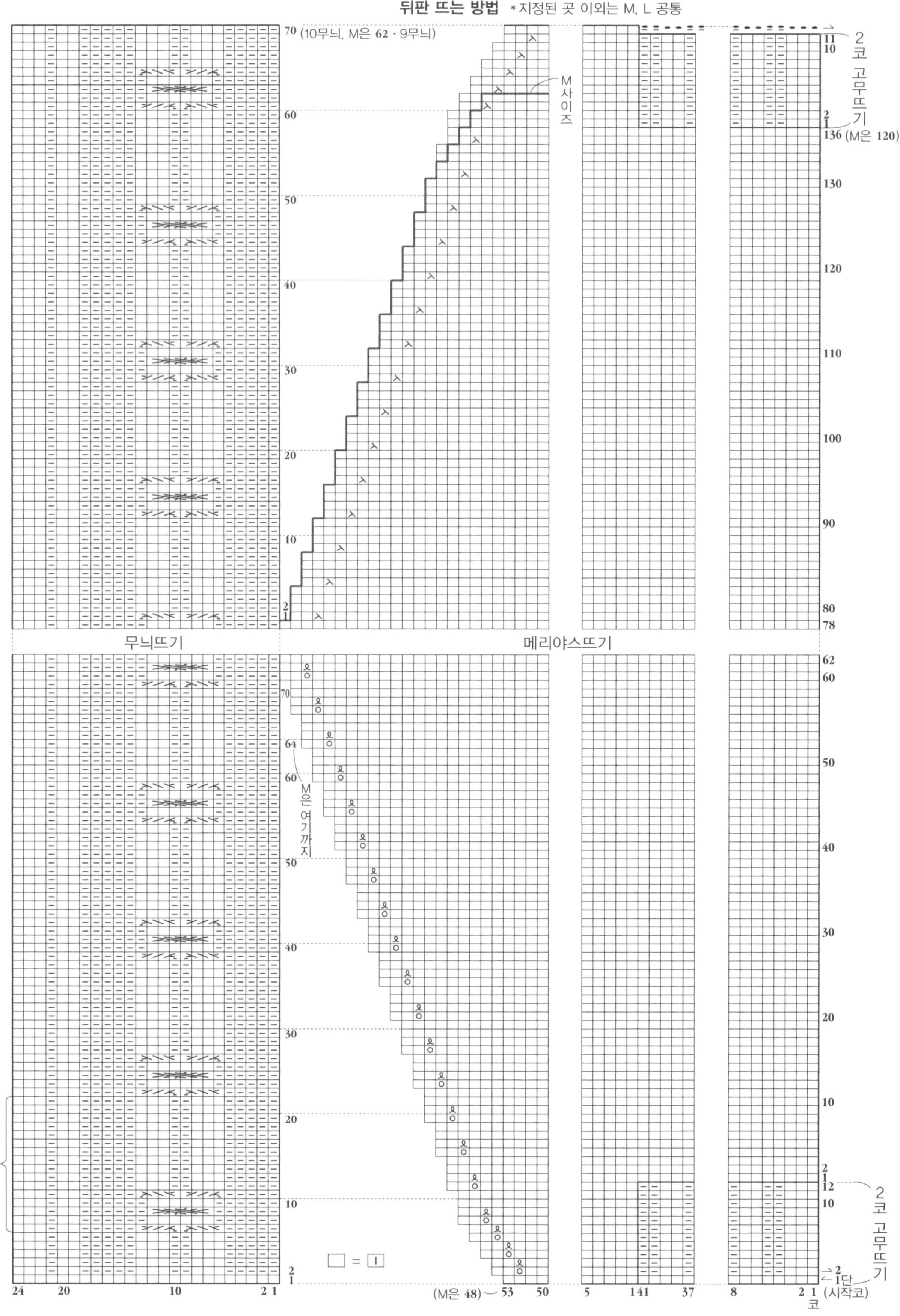
뒤판 뜨는 방법 *지정된 곳 이외는 M, L 공통
70 (10무늬, M은 62·9무늬)
M 사이즈
2코 고무뜨기
136 (M은 120)
무늬뜨기
메리야스뜨기
M은 여기까지
16단 1무늬
□ = I
(M은 48) 53 50
2코 고무뜨기
코 (시작코)

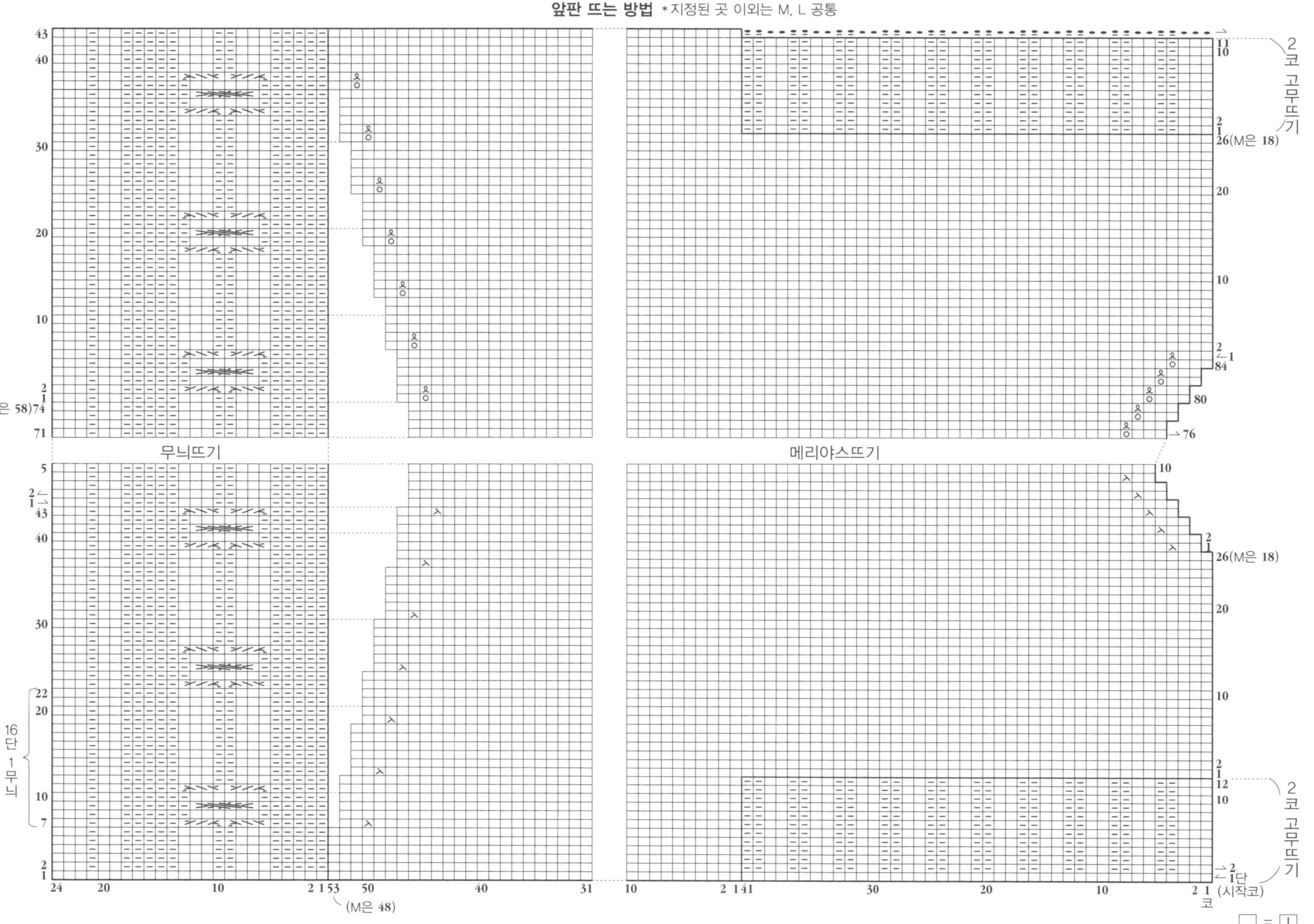

앞판 뜨는 방법 *지정된 곳 이외는 M, L 공통
2코 고무뜨기
무늬뜨기
메리야스뜨기
2코 고무뜨기
16단 1무늬
(M은 58)74
(M은 48)
26(M은 18)
84
80
76
2코 고무뜨기
□ = □

⭕ 에이프런 캐미솔 >>> page 24

실: 병태사 인디고 80g(하마나카 플럭스 S 26)
　　병태사 라이트베이지 20g(하마나카 플럭스 K 12)
도구: 대바늘 7호 2개, 코바늘 6/0호
게이지: 메리야스뜨기 18코 25단이 사방 10cm
사이즈: 길이 45.5cm

뜨는 방법: 실은 1가닥, 지정된 배색과 바늘로 뜬다.
몸판은 7호 바늘로 손가락에 실을 거는 방법으로 163코 시작코를 만들어 1코 고무뜨기, 메리야스뜨기의 줄무늬로 코의 증감 없이 뜨고, 지정된 위치를 덮어씌워 코막음을 한다. 연결해서 메리야스뜨기로 코를 줄이면서 그림처럼 뜬다.
6/0호 바늘로 끈을 떠서 몸판 양옆에 꿰매 붙인다. 지정된 위치에 고리를 떠서 붙인다.

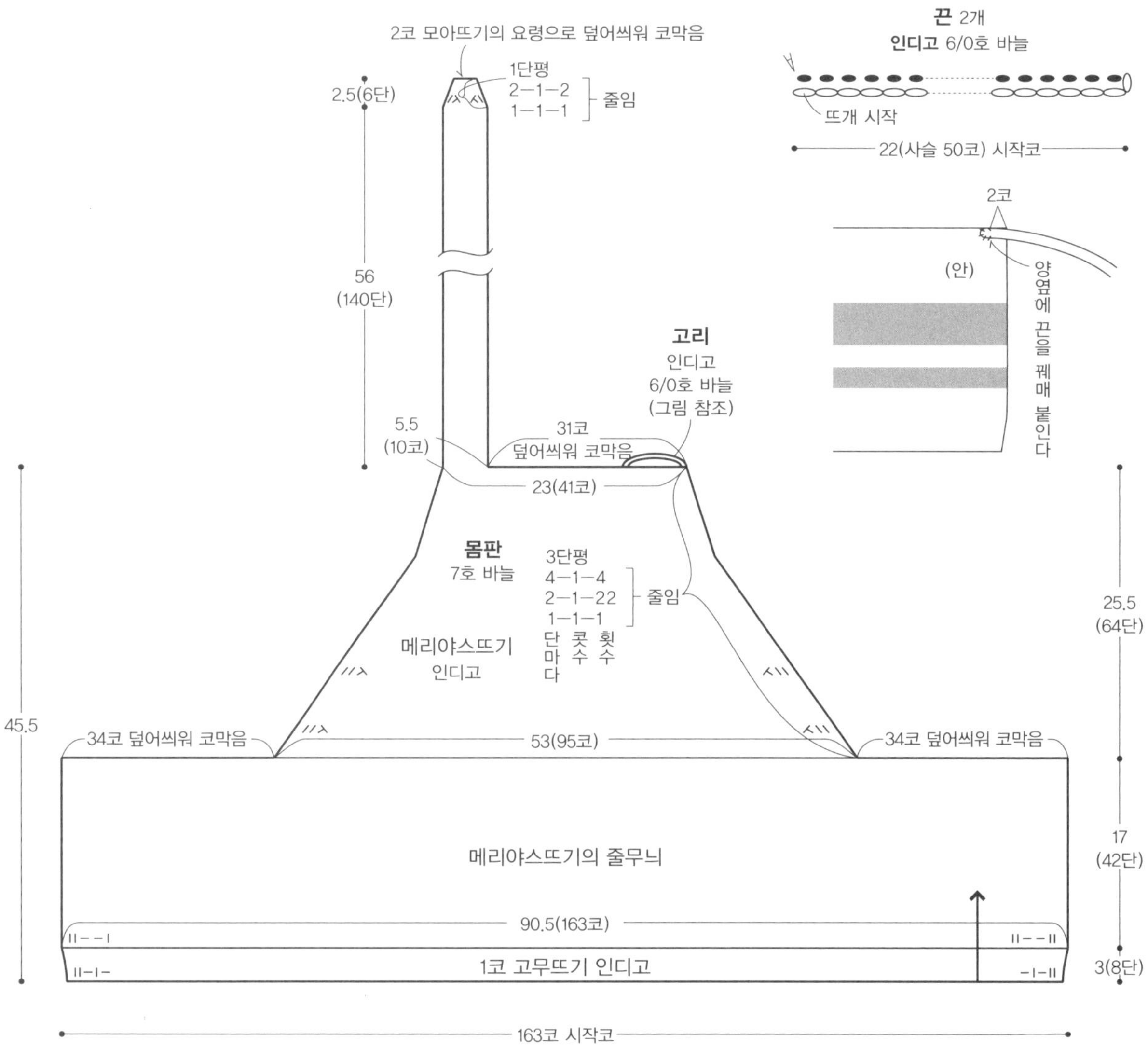

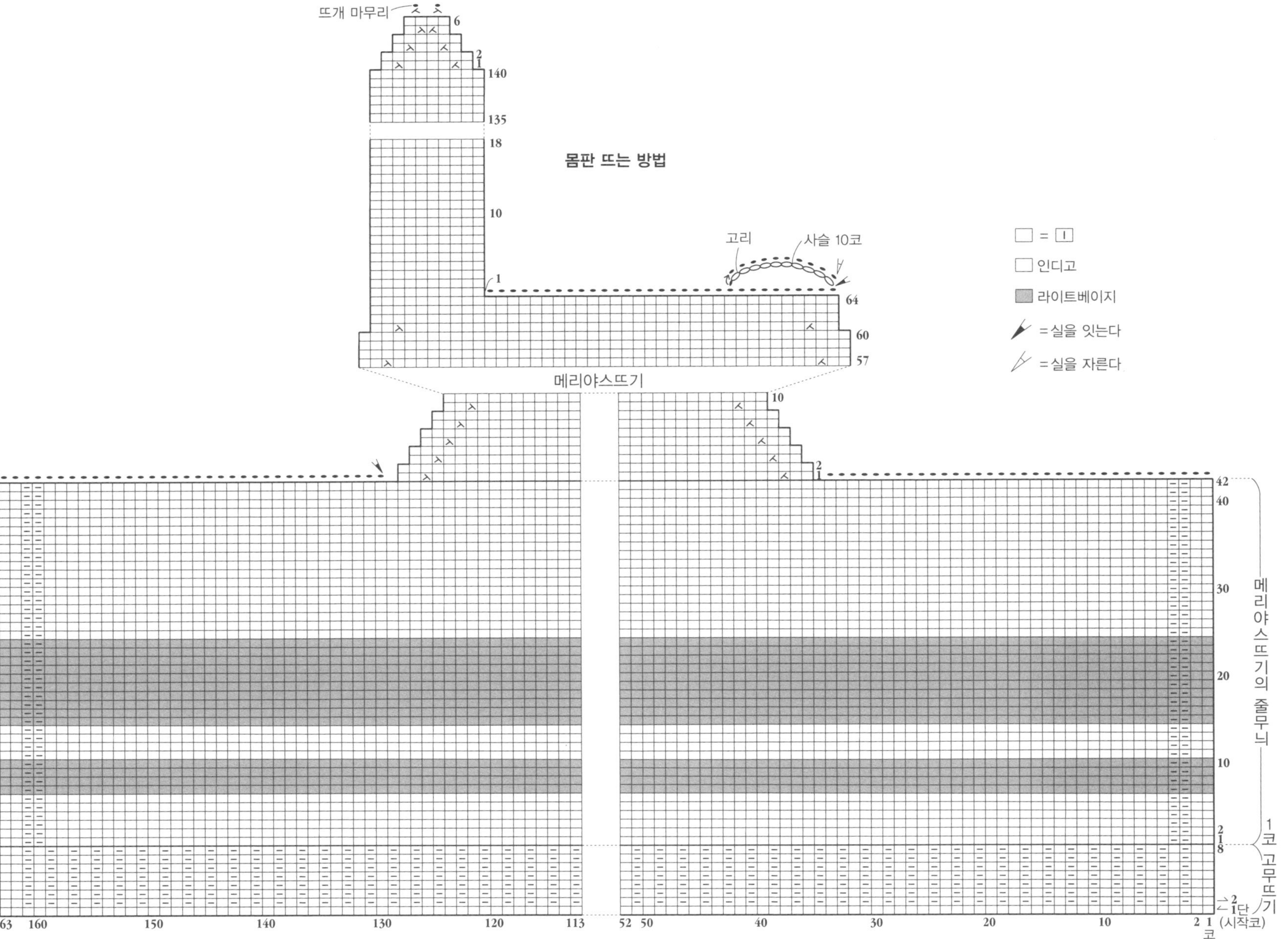

뜨개 마무리
6
2 1
140
135
18
10
1
몸판 뜨는 방법
고리
사슬 10코
64
60
57
메리야스뜨기
10
2 1
42
40
30
20
10
2 1
8
□ = ㅣ
인디고
라이트베이지
= 실을 잇는다
= 실을 자른다
메리야스뜨기의 줄무늬
1코 고무뜨기
2 1단
163 160 150 140 130 120 113 52 50 40 30 20 10 2 1 (시작코)
코

Q 스커트 & 판초 >>> page 26

실: 병태사 흰색 370g(하마나카 플럭스 K 11)
도구: 코바늘 6/0호, 7/0호
게이지: 무늬뜨기 A 18.5코가 10cm, 6단이 7cm
　　　　 무늬뜨기 B 2단이 3cm
사이즈: 밑단둘레 160cm, 옷 길이 57cm

뜨는 방법: 실은 1가닥으로 지정된 바늘로 뜬다.
본체는 사슬뜨기로 168코 시작코를 만들어 무늬뜨기 A로 둥글게 3단 뜨고, 접는 선에서 바깥으로 접은 다음 4단째를 시작코와 함께 주우면서 뜬다. 연결해서 6단째까지 뜬다. 다시 무늬뜨기 B로 그림처럼 코를 늘리면서 35단 뜬다. 뜨개 시작의 사슬코를 꿰매어 합친다. 끈을 뜨고 지정된 위치에 통과시킨다.

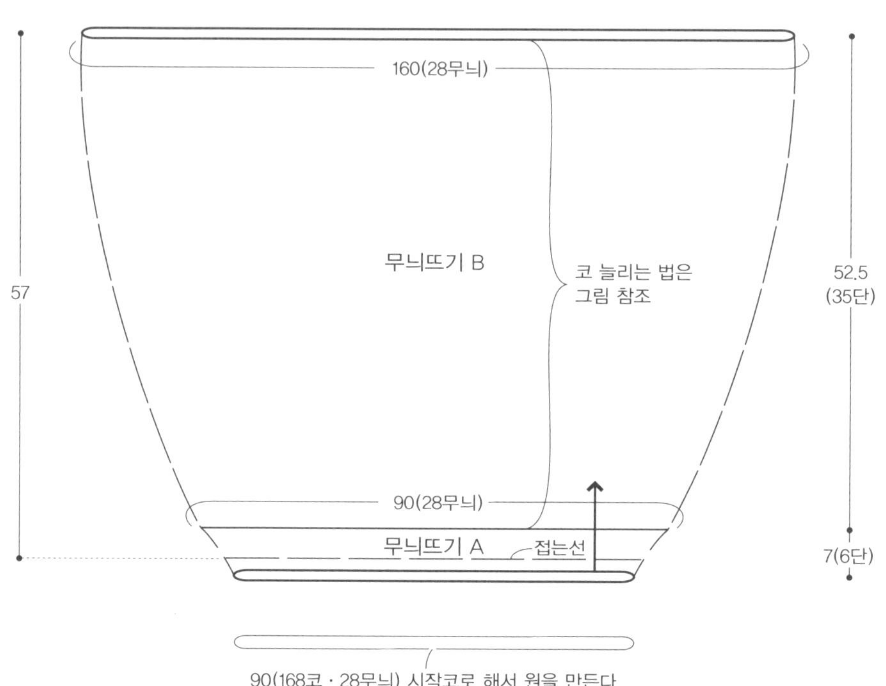

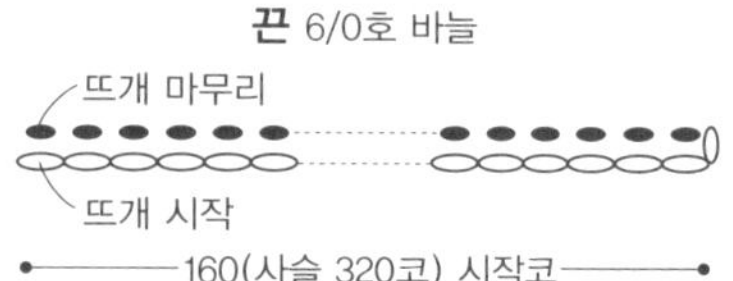

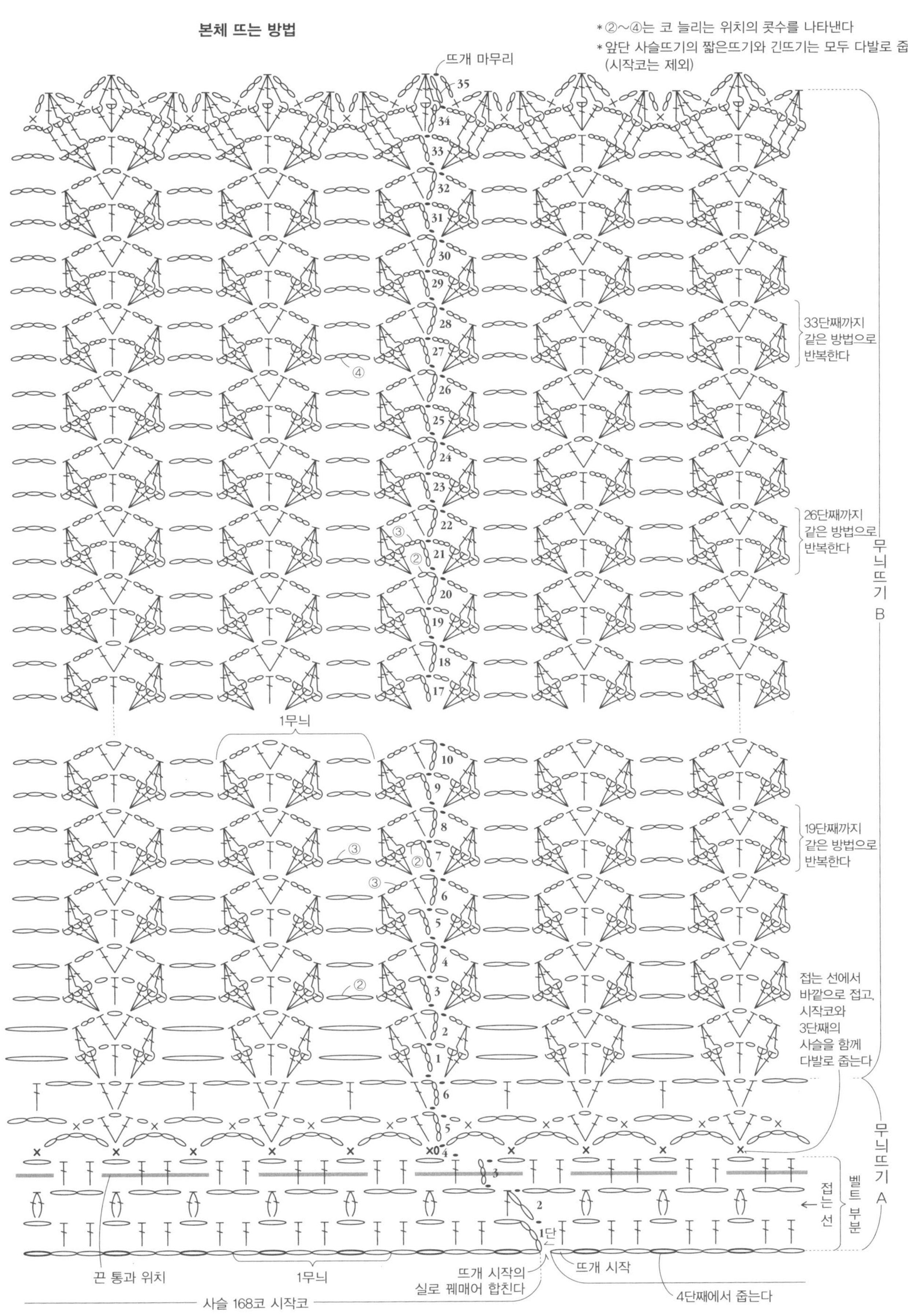
본체 뜨는 방법
* ②～④는 코 늘리는 위치의 콧수를 나타낸다
* 앞단 사슬뜨기의 짧은뜨기와 긴뜨기는 모두 다발로 줍는다
(시작코는 제외)
뜨개 마무리
35
34
33
32
31
30
29
28
27
26
25
24
23
22
21
20
19
18
17
④
③
②
33단째까지
같은 방법으로
반복한다
26단째까지
같은 방법으로
반복한다
무늬뜨기 B
1무늬
10
9
8
7
6
5
4
3
2
1
③
②
③
②
19단째까지
같은 방법으로
반복한다
접는 선에서
바깥으로 접고,
시작코와
3단째의
사슬을 함께
다발로 줍는다
6
5
×0 4
3
2
1단
무늬뜨기 A
벨트 부분
접는 선
끈 통과 위치
1무늬
뜨개 시작의
실로 꿰매어 합친다
뜨개 시작
4단째에서 줍는다
사슬 168코 시작코

P 모자 >>> page 25

실: 병태사 베이지색 115g, 흰색 5g(하마나카 아마실 리넨 17, 1)

도구: 코바늘 5/0호

게이지: 무늬뜨기 22코 13단이 사방 10cm

사이즈: 머리둘레 58cm, 깊이 19cm

뜨는 방법: 실은 1가닥, 베이지로 뜨고 흰색으로 감침질한다.
톱은 원형의 시작코를 만들어 그림처럼 모티브를 뜬다.
크라운은 사슬뜨기로 24코 시작코를 만들어 무늬뜨기로 그
림처럼 코를 늘리면서 24단 뜬다. 같은 것을 4장 뜬다.
톱과 크라운을 감침질한다. 크라운끼리 감침질한다.

톱 뜨는 방법
모티브

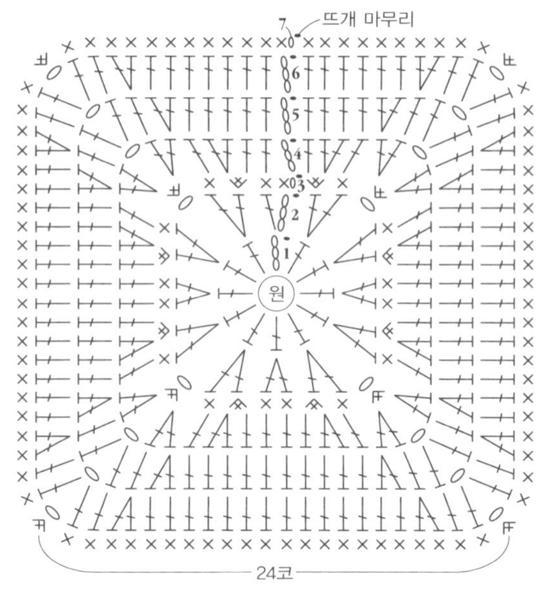

톱

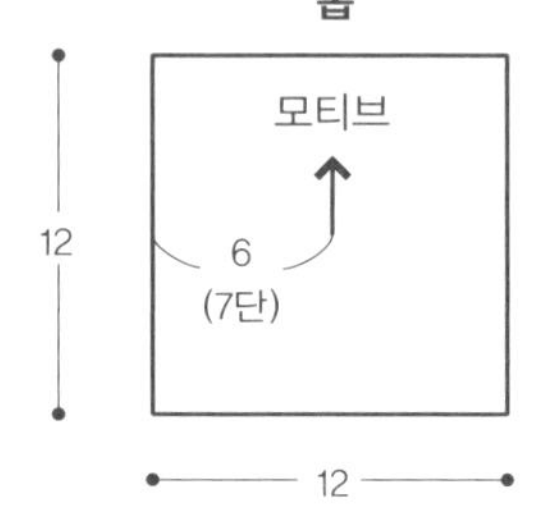

모티브

6
(7단)

12

12

크라운
*같은 방법으로 4장 뜬다

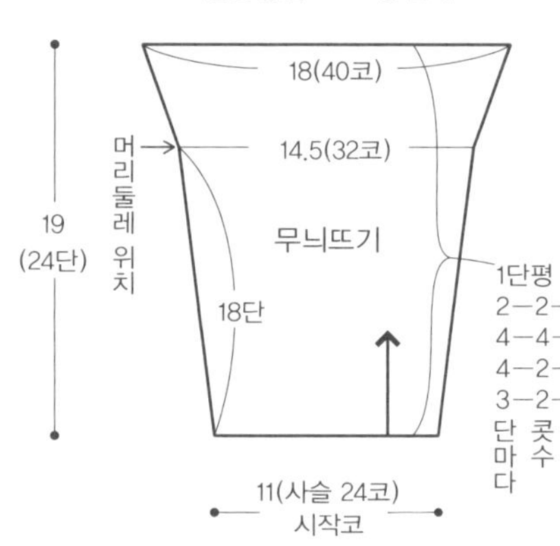

18(40코)

14.5(32코)

머리둘레 위치

19
(24단)

무늬뜨기

18단

1단평
2—2—2
4—4—1
4—2—3
3—2—1
단 코 횟
마 수 수
다

늘림
(그림 참조)

11(사슬 24코)
시작코

크라운 뜨는 방법
무늬뜨기

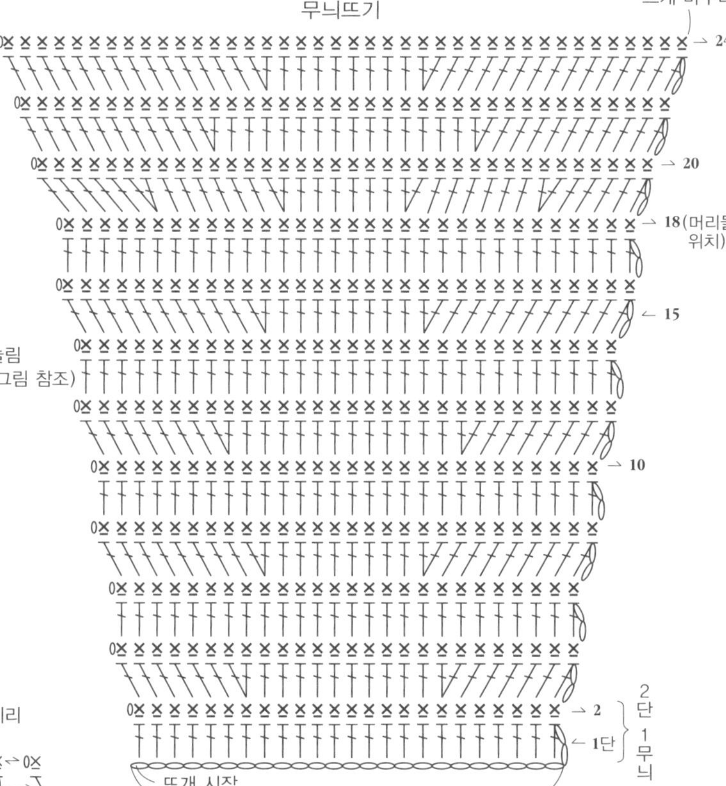

뜨개 마무리

→ 24

→ 20

→ 18(머리둘레 위치)

← 15

← 10

→ 2 } 2단
← 1단 } 1무늬

뜨개 시작

사슬 24코 시작코

✕ = 앞단의 머리 바로 앞의
1가닥을 떠서 짧은뜨기

마무리
*감침질은 모두 흰색을 사용한다

크라운의 시작코
24코와 톱의 24코인
머리 전체의 코끼리
떠서 감침질

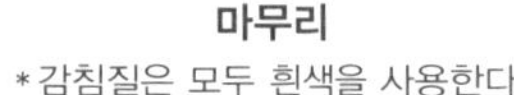

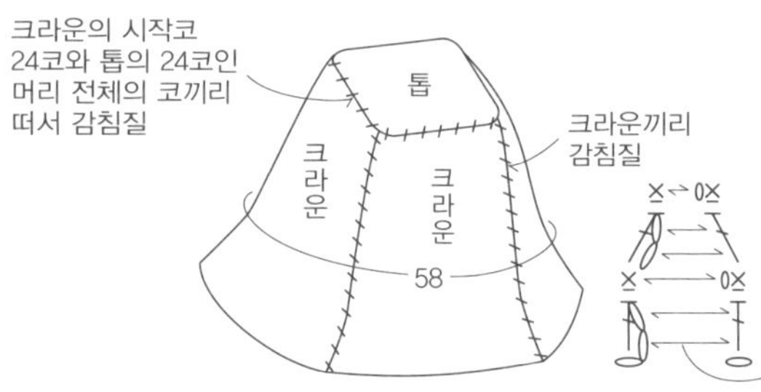

톱

크라운

크라운

크라운끼리
감침질

58

긴뜨기에서는 2회,
짧은뜨기에서는 1회 뜬다

R 카디건 >>> page 28

실: M/ 병태사 흰색 345g(하마나카 플럭스 K 11)
　　　병태사 블루색 10g(하마나카 플럭스 S 27)
　　L/ 병태사 차콜그레이 450g(하마나카 플럭스 K 201)
　　　병태사 벽돌색 10g(하마나카 플럭스 S 301)

도구: 대바늘 7호 2개, 코바늘 4/0호

게이지: 무늬뜨기 24코 24.5단이 사방 10cm

사이즈: M/ 옷 폭 45cm, 옷 길이 57.5cm, 화장 57cm
　　　　L/ 옷 폭 51.5cm, 옷 길이 61cm, 화장 62cm

뜨는 방법: 실은 1가닥으로 단추와 고리 이외는 흰색(L은 차콜그레이), 7호 바늘로 뜬다. 뒤판, 소매는 손가락에 실을 거는 방법으로 시작코를 만들어 무늬뜨기로 그림처럼 코를 줄이면서 뜨고, 뜨개 마무리는 덮어씌워 코막음을 한다. 앞판도 같은 방법으로 뜨는데, 1코 고무뜨기와 무늬뜨기로 뜬다. 래글런 선을 떠서 꿰매기를 한다. 옆선과 소매 아래를 연결해 뜨고 꿰매기를 한다.

블루(L은 벽돌색), 4/0호 바늘로 단추와 고리를 뜨고 지정된 위치에 붙인다.

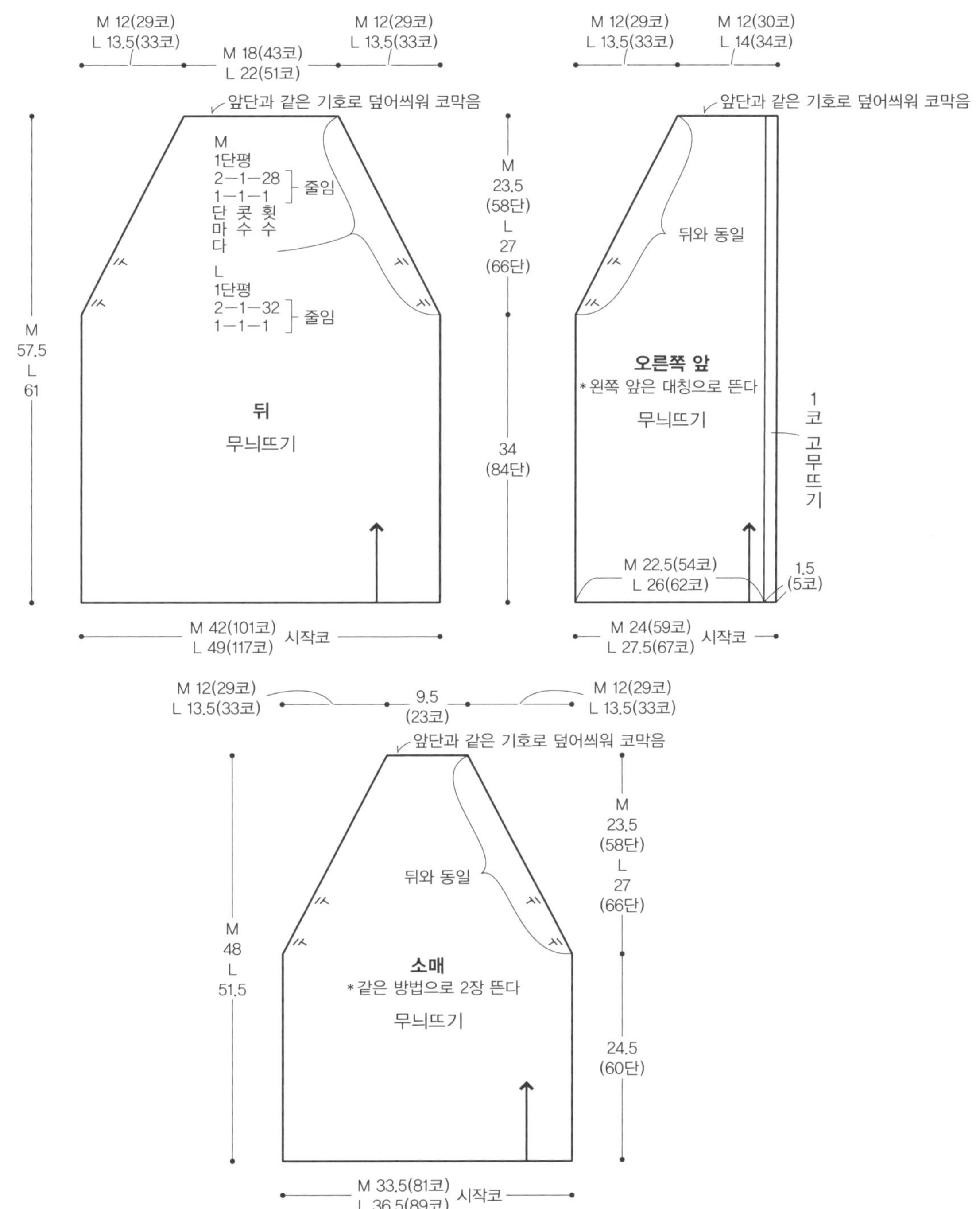

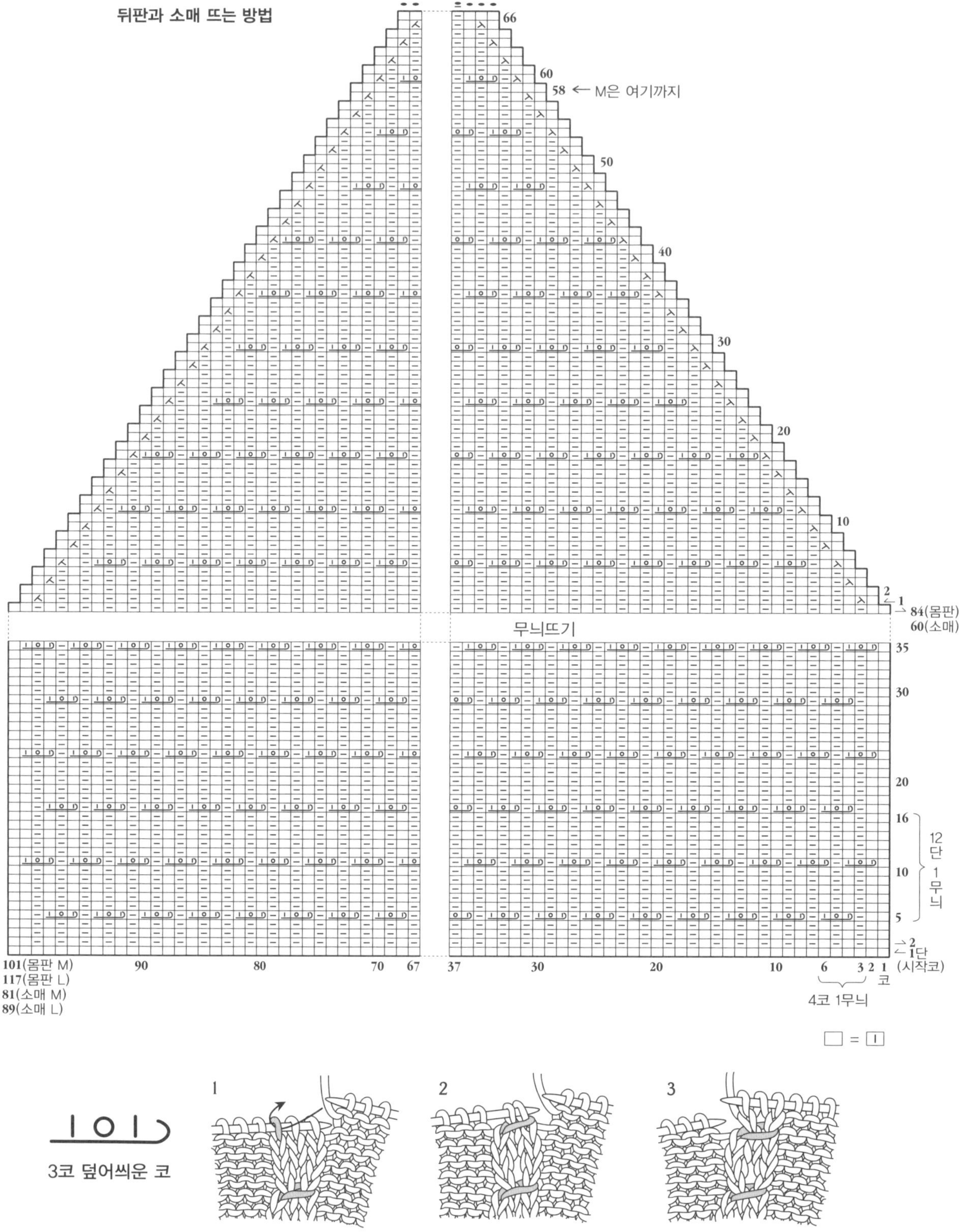

3코 덮어씌운 코

1

2

3

오른쪽 바늘로 화살표처럼
3코째를 뜬다.

오른쪽 끝의 2코에 덮어씌운다.

겉뜨기, 걸기코, 겉뜨기의 순서대로 뜬다.

오른쪽 앞 뜨개 시작　　　　　　　왼쪽 앞 뜨개 시작

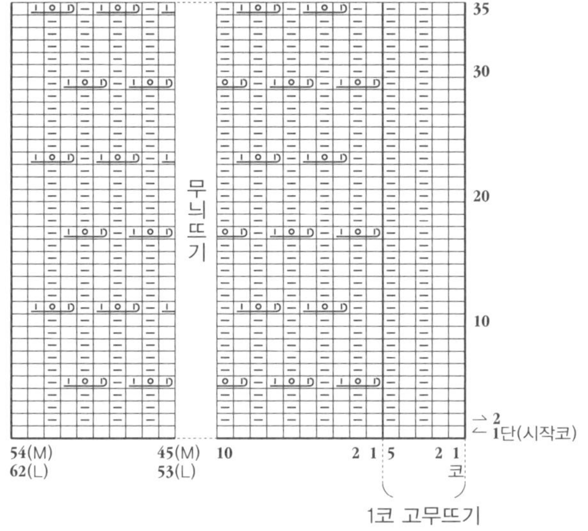

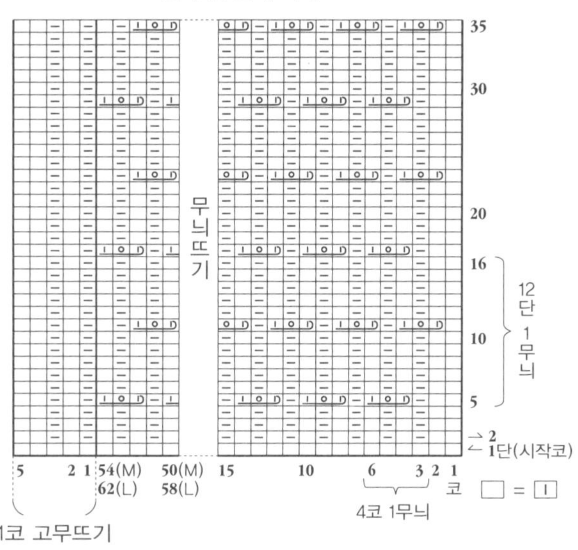

고리 8개
블루(L은 벽돌색) 4/0호 바늘

단추 8개
블루(L은 벽돌색) 4/0호 바늘

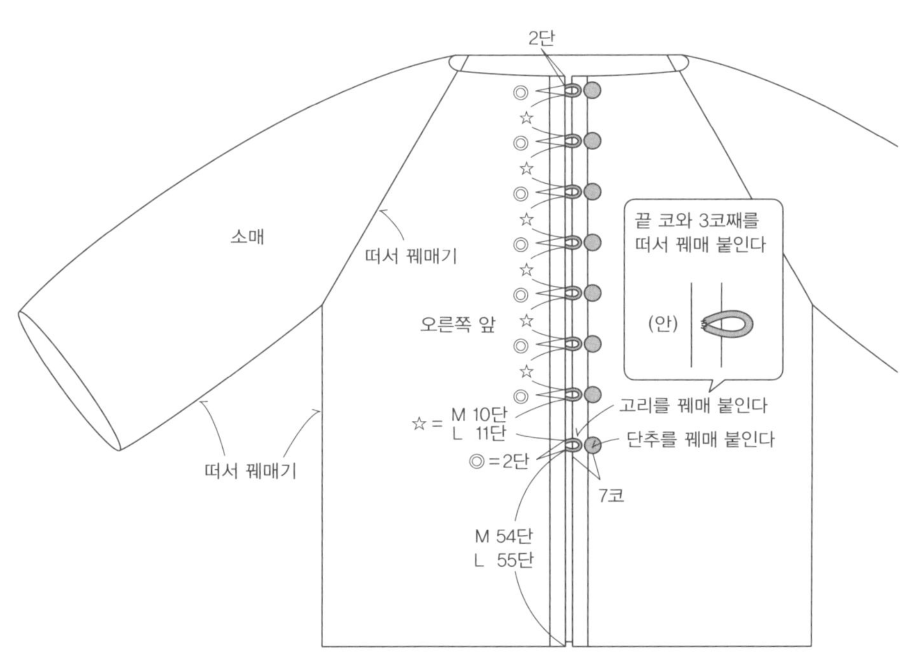

S 캐미솔 >>> page 30

실: 병태사 인디고 210g(하마나카 플럭스 S 26)
도구: 코바늘 7/0호
게이지: 무늬뜨기 1무늬가 5cm, 11.5단이 10cm
사이즈: 옷 폭 48cm, 옷 길이 42cm(어깨끈은 제외)

뜨는 방법: 실은 몸판은 1가닥, 어깨끈은 2가닥으로 뜬다.
몸판은 사슬뜨기로 40코 시작코를 만들어 무늬뜨기로 코를 늘리면서 30단 뜬다. 연결해서 코의 증감 없이 18단 뜬다. 같은 것을 2장 뜬다. 옆선은 사슬 꿰매기를 한다.
어깨끈을 4개 뜨고 몸판의 지정된 위치에 꿰매 붙인다.

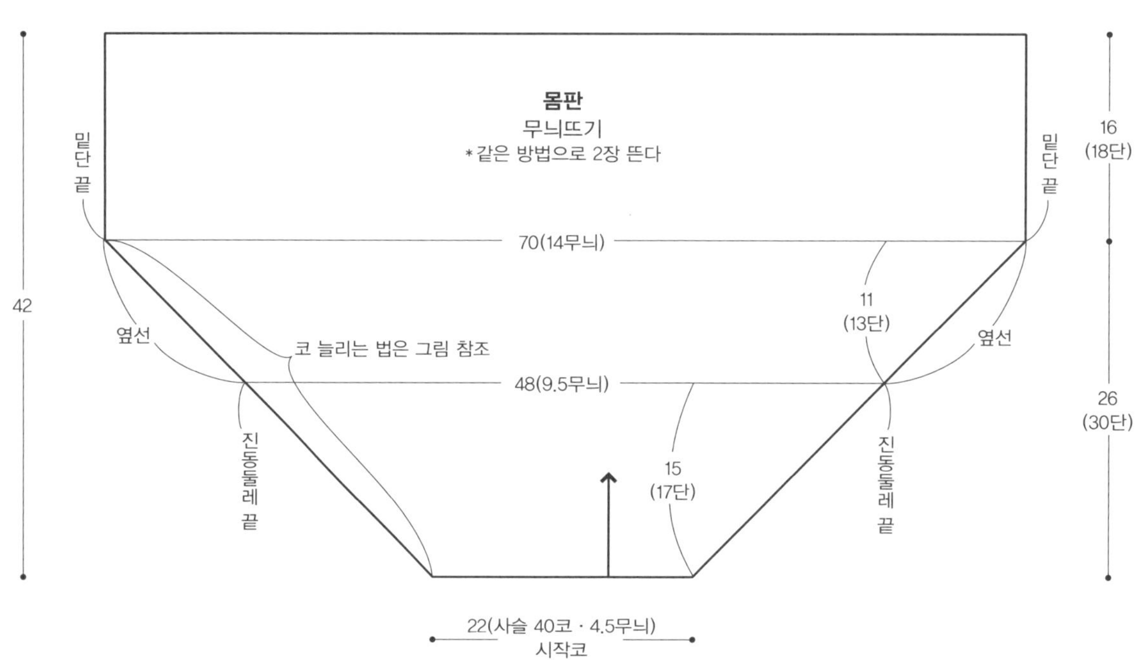

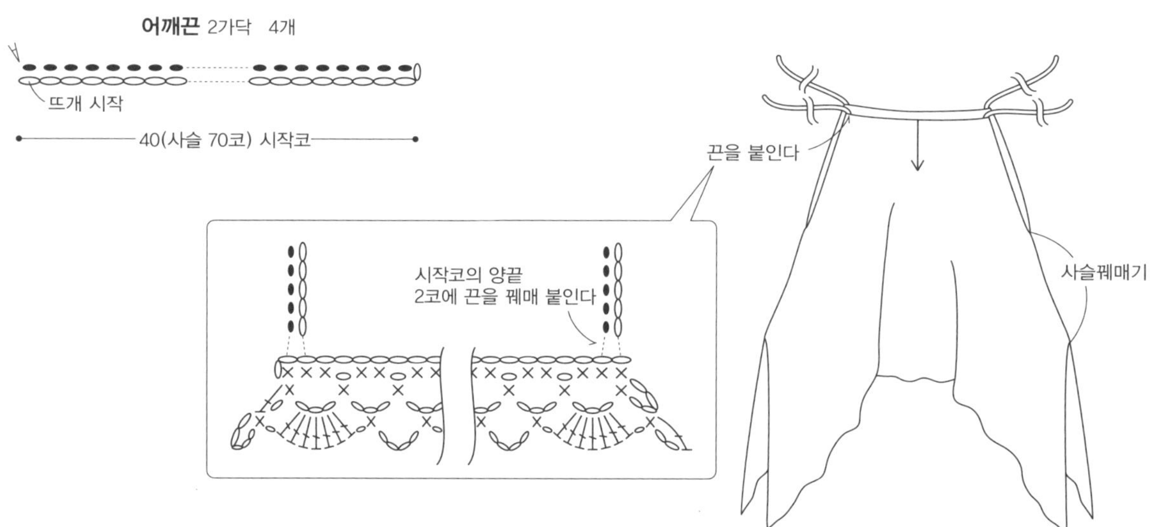

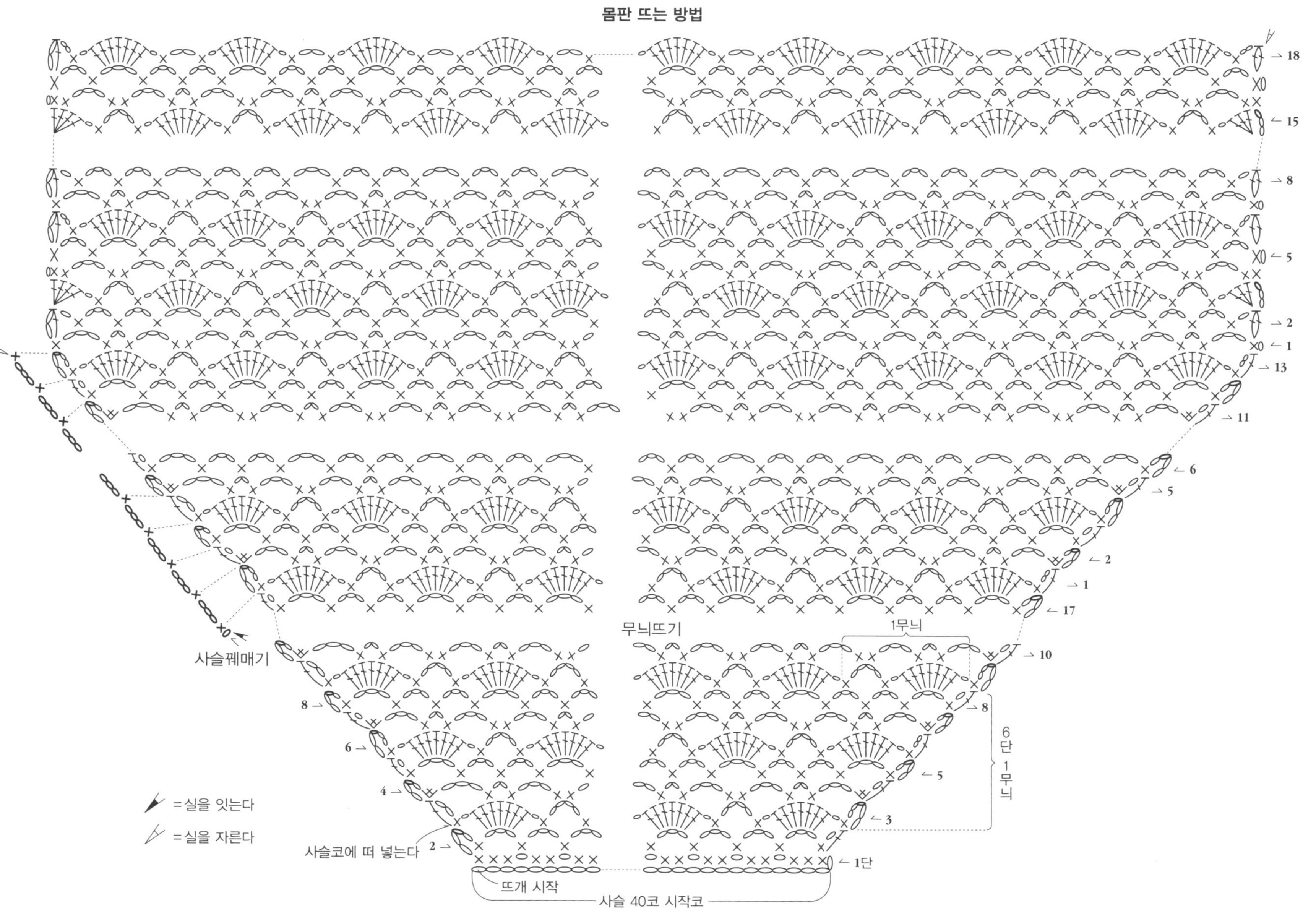

몸판 뜨는 방법
무늬뜨기
1무늬
6단 1무늬
사슬꿰매기
=실을 잇는다
=실을 자른다
사슬코에 떠 넣는다
뜨개 시작
사슬 40코 시작코
1단

T 스카프 >>> page 31

실: 병태사 오렌지 계열 80g(하마나카 파레오 4)
도구: 코바늘 6/0호
게이지: 무늬뜨기 1무늬가 2.7cm, 10.5단이 사방 10cm
사이즈: 폭 30cm, 길이 98cm
뜨는 방법: 실은 1가닥으로 뜬다.
사슬뜨기로 4코 시작코를 만들어 무늬뜨기로 그림처럼
코를 늘리면서 40단, 코의 증감 없이 19단, 코를 줄이면
서 40단 뜬다. 연결해서 가장자리뜨기 1단을 뜬다.

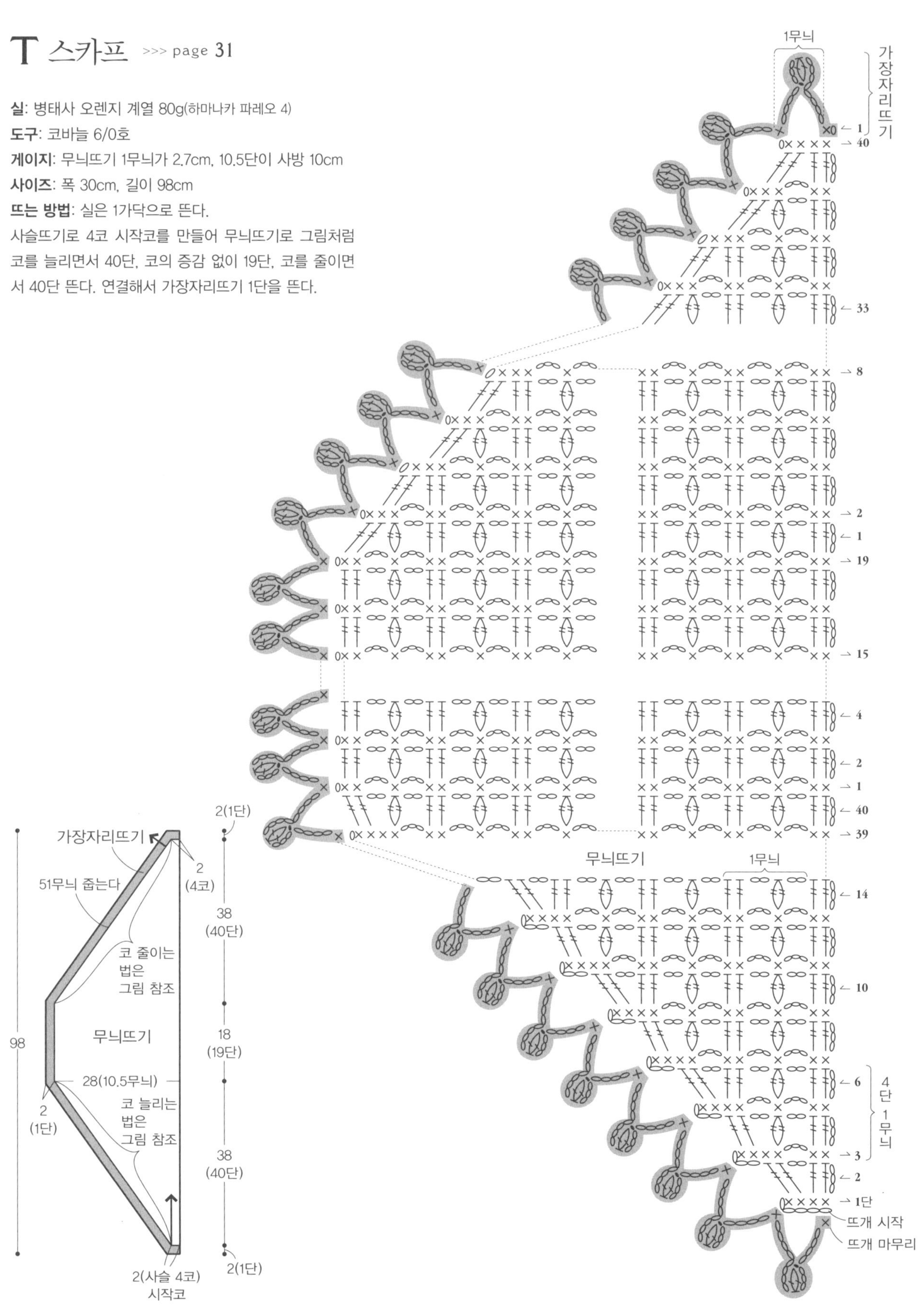

U 베스트 & 카슈쾨르 >>> page 32

실: 병태사 푸른색 계열 M/ 145g L/ 175g(하마나카 루그란 8)
중세사 감색 M/125g L/155g(하마나카 플럭스 C 7)

도구: 대바늘 10호 2개, 코바늘 3/0호

기타: 직경 1.8cm 단추 3개

게이지: 메리야스뜨기 18.5코 23단이 사방 10cm

사이즈: M/ 옷 폭 46cm, 옷 길이 51cm
L/ 옷 폭 51cm, 옷 길이 57.5cm

뜨는 방법: 실은 고리 이외는 푸른색 계열과 감색을 1가닥씩 결합해 10호 바늘로 뜬다.
앞판은 손가락에 실을 거는 방법으로 시작코를 만들어 1코 고무뜨기, 2코 고무뜨기, 메리야스뜨기로 코를 줄이면서 뜨고, 뜨개 마무리는 쉼코로 둔다. 앞판의 쉼코끼리 겉끼리 맞대고 빼뜨기 잇기를 한다. 뒤판은 앞판에서 코를 주워 메리야스뜨기, 1코 고무뜨기로 코의 증감 없이 뜨고, 뜨개 마무리는 앞단과 같은 기호로 덮어씌워 코막음을 한다. 옆선을 떠서 꿰매기를 한다.
감색 1가닥, 3/0호 바늘로 지정된 위치에 고리를 떠서 붙이고, 단추를 단다.

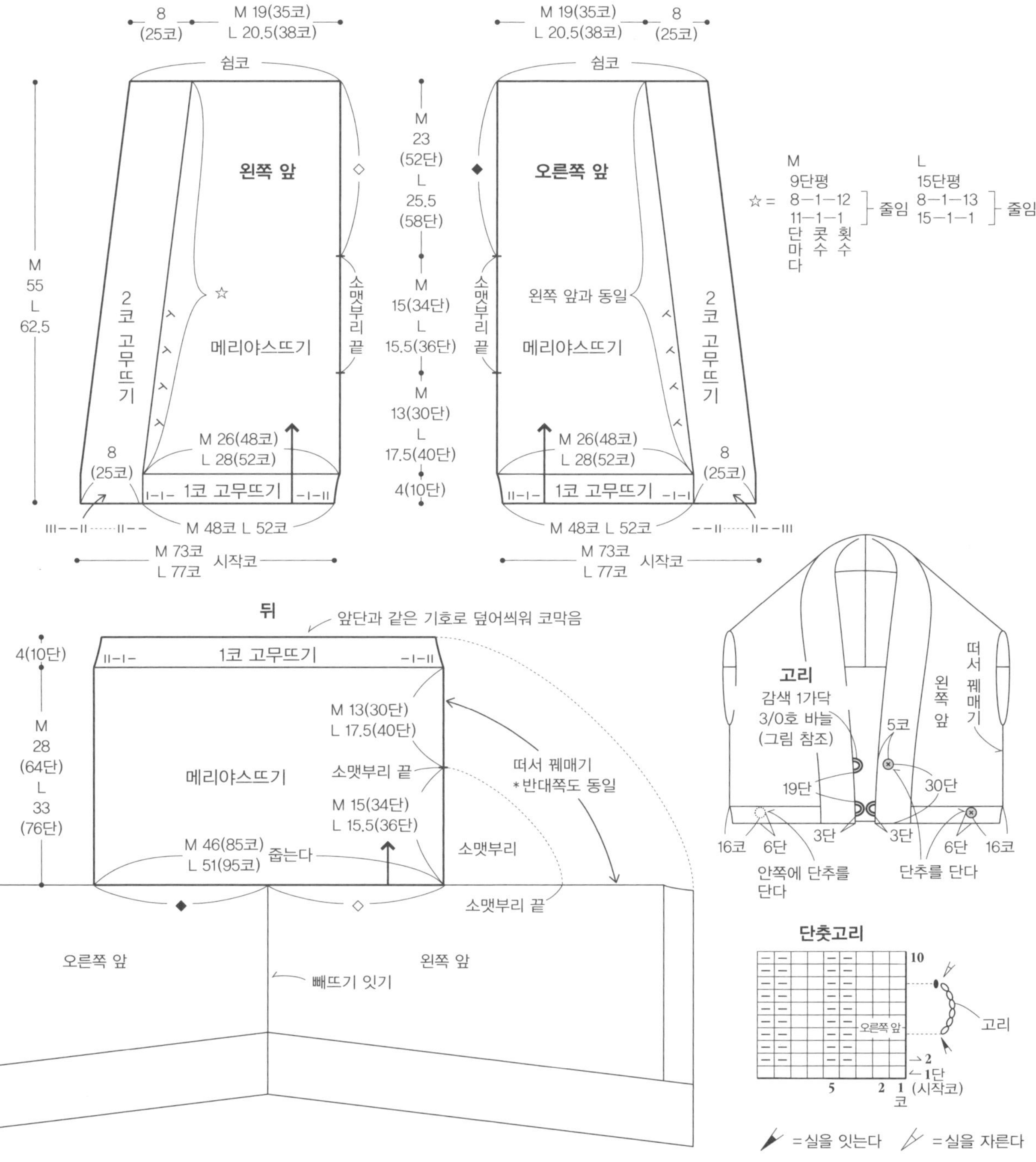

실: 태사 녹색 310g(하마나카 코마코마 4)
도구: 코바늘 8/0호
기타: 등나무손잡이 D형(소 · H210–120) 1쌍
게이지: 무늬뜨기 A 11코가 7cm, 6단이 10cm
　　　　　무늬뜨기 B 13.5코 6단이 사방 10cm
사이즈: 깊이 19.5cm

뜨는 방법: 실은 1가닥으로 뜬다.
사슬뜨기로 75코 시작코를 만들어 무늬뜨기 A, B로 그림처럼 코의
증감 없이 40단 뜬다. 손잡이를 무늬뜨기 A로 감싸고 감침질한다.
끈을 뜨고 안쪽에 꿰매 붙인다.

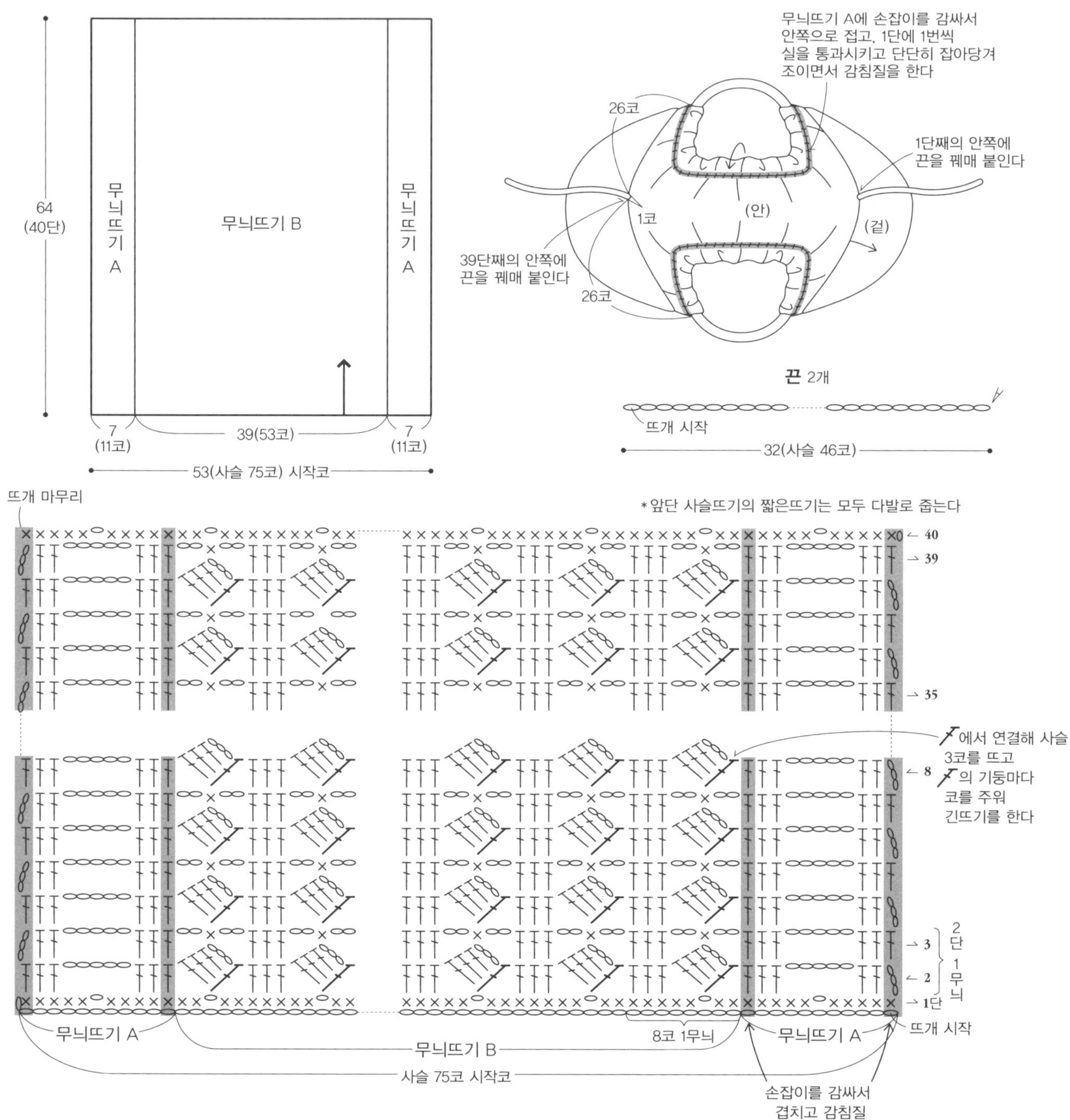

X 풀오버 >>> page 35

실: 병태사 그린브라운 계열 M/ 355g L/ 405g(하마나카 파레오 5)
도구: 대바늘 8호 2개
게이지: 메리야스뜨기 23.5코 31단이 사방 10cm
사이즈: M/ 옷 폭 52.5cm, 옷 길이 68cm
　　　　 L/ 옷 폭 57cm, 옷 길이 70.5cm

뜨는 방법: 실은 1가닥으로 뜬다.
뒤판, 앞판은 손가락에 실을 거는 방법으로 시작코를 만들어 1코 고무
뜨기를 8단 뜬다. 연결해서 메리야스뜨기로, 뒤판은 코의 증감 없이,
앞판은 코를 늘리면서 그림처럼 뜬다. 어깨는 빼뜨기 잇기를 한다.
소매는 진동둘레에서 코를 주워 1코 고무뜨기로 뜨고, 뜨개 마무리는
앞단과 같은 기호로 덮어씌워 코막음을 한다. 옆선과 소매 아래를 연
결해서 뜨고 꿰매기를 한다.

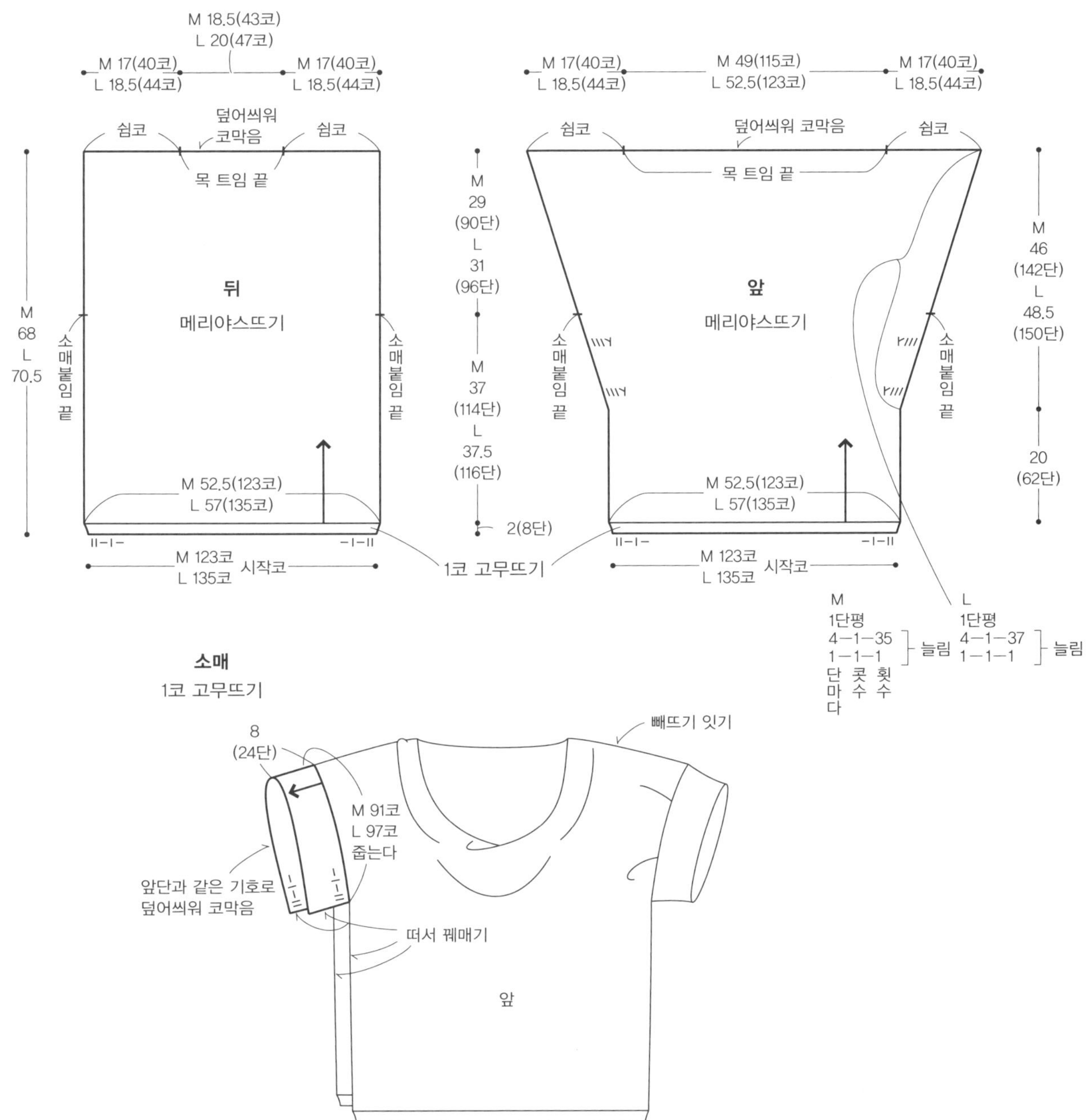

W 볼레로 >>> page 34

실: 병태사 터키석블루 M/ 160g L/ 195g(하마나카 양감 쿨리에 11)

도구: 대바늘 6호, 8호 2개, 코바늘 5/0호

기타: 직경 1.8cm 단추 1개

게이지: 무늬뜨기(8호 바늘), 메리야스뜨기(6호 바늘)
　　　　22.5코 34단이 사방 10cm

사이즈: M/ 옷 폭 45cm, 옷 길이 41cm
　　　　L/ 옷 폭 51cm, 옷 길이 45cm

뜨는 방법: 실은 1가닥으로 지정된 바늘로 뜬다.

소매 쪽은 8호 바늘로 손가락에 실을 거는 방법으로 시작코를 만들어 변형 가터뜨기와 무늬뜨기로 코의 증감 없이 뜬다. 연결해서 그림처럼 중앙에서 1코 줄여 좌우로 나누고, 변형 고무뜨기, 무늬뜨기, 변형 가터뜨기로 뜨고 뜨개 마무리는 쉼코로 둔다.

밑단 쪽은 6호 바늘로 소매 쪽에서 코를 주워 변형 고무뜨기와 메리야스뜨기로 그림처럼 코를 줄이면서 뜬다. 뜨개 마무리는 덮어씌워 코막음을 한다.

5/0호 바늘로 지정된 위치에 고리를 떠서 붙이고 단추를 단다.

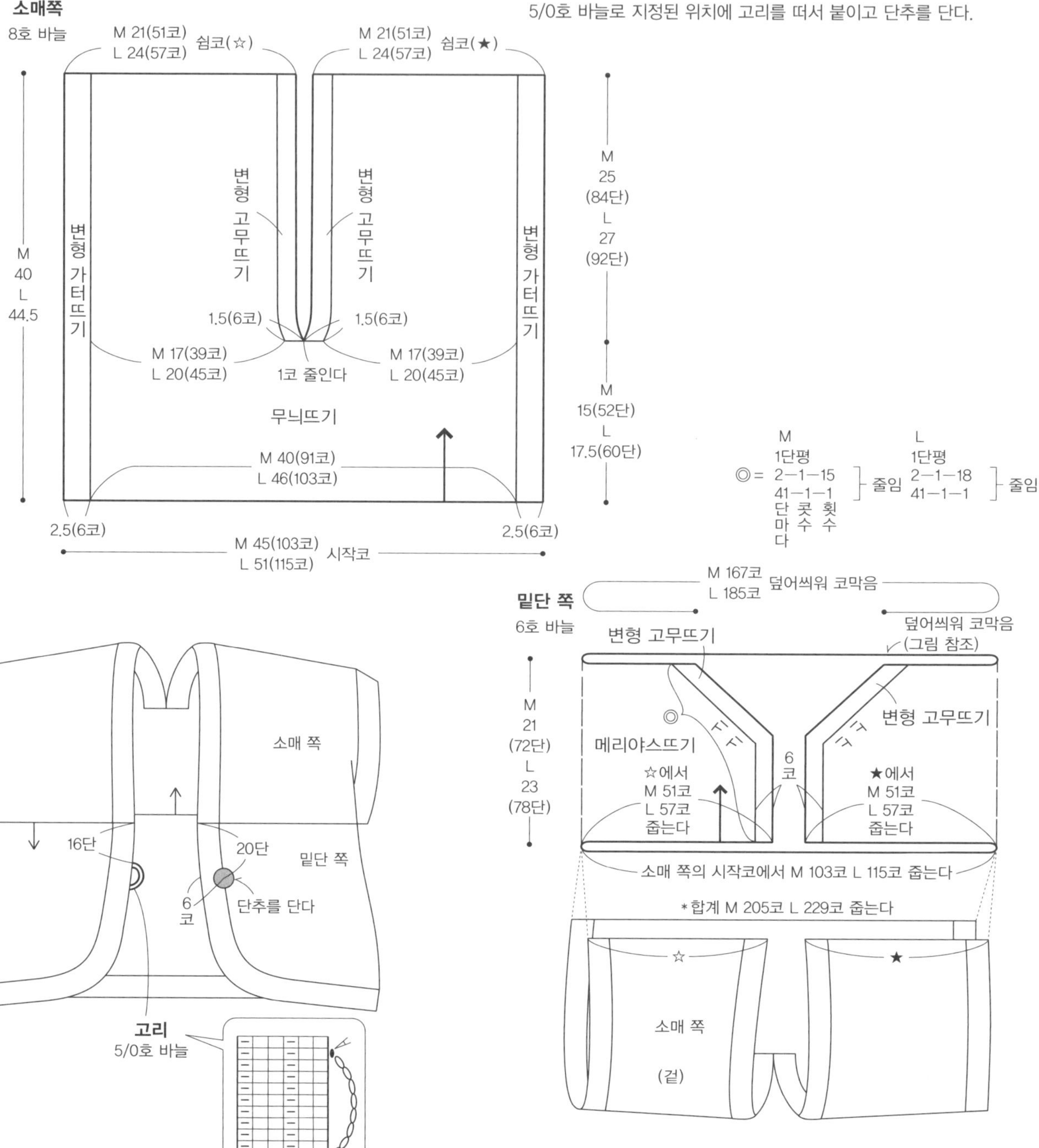

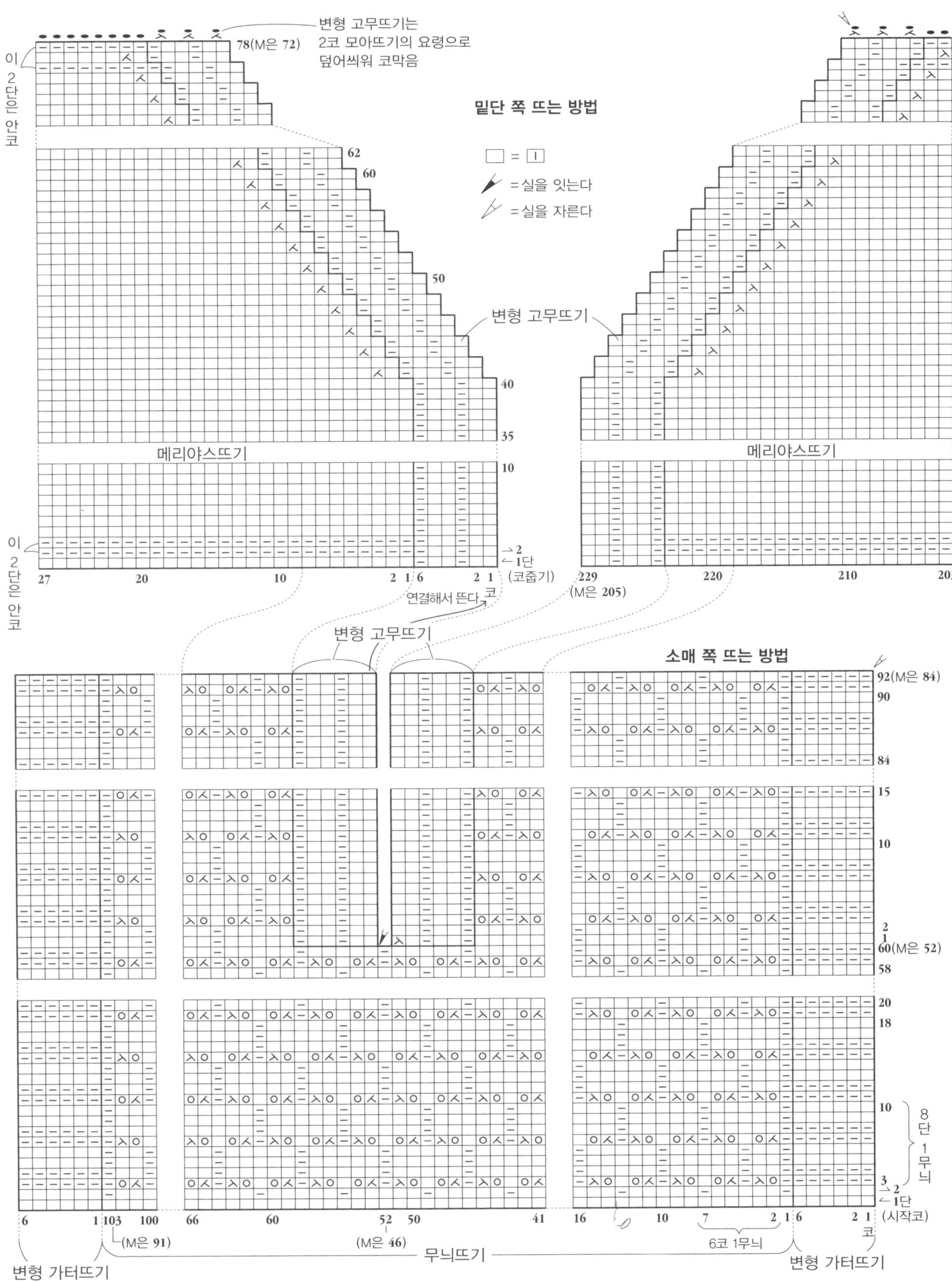
변형 고무뜨기는
2코 모아뜨기의 요령으로
덮어씌워 코막음
이 2단은 안코
78(M은 72)
밑단 쪽 뜨는 방법
□ = ①
= 실을 잇는다
= 실을 자른다
62
60
50
변형 고무뜨기
40
35
10
메리야스뜨기
메리야스뜨기
이 2단은 안코
→ 2
← 1단 (코줍기)
27
20
10
2 1 6
2 1
코
연결해서 뜬다
229
(M은 205)
220
210
203
변형 고무뜨기
소매 쪽 뜨는 방법
92(M은 84)
90
84
15
10
2
1
60(M은 52)
58
20
18
10
8단 1무늬
3
2
1단 (시작코)
6
1 103
100
66
60
52 50
41
16
10
7
2 1 6
2 1
코
(M은 91)
(M은 46)
무늬뜨기
6코 1무늬
변형 가터뜨기
변형 가터뜨기

Y 롱 카디건 >>> page 36

실: 병태사 라이트베이지색 M/ 350g L/ 390g(하마나카 플럭스 S 21)
　　중세사 크림색 M/ 235g L/ 265g(하마나카 워시코튼《크로셰》106)
도구: 대바늘 11호 2개, 코바늘 7/0호
기타: 직경 1.5cm 단추 5개
게이지: 메리야스뜨기 18코 23단이 사방 10cm
사이즈: M/ 옷 폭 51cm, 옷 길이 72cm, 화장 54cm
　　　　 L/ 옷 폭 54.5cm, 옷 길이 75.5cm, 화장 57cm

뜨는 방법: 실은 라이트베이지색과 크림색을 1가닥씩 결합해 고리 이외는 11호 바늘로 뜬다. 뒤판은 손가락에 실을 거는 방법으로 시작코를 만들어 1코 고무뜨기와 메리야스뜨기로 코의 증감 없이 뜨고, 뜨개 마무리는 쉼코와 덮어씌워 코막음을 한다. 앞판도 같은 방법으로 시작코를 만들어 무늬뜨기, 1코 고무뜨기, 메리야스뜨기로 코를 줄이면서 뜨고, 뜨개 마무리는 쉼코로 둔다. 어깨는 빼뜨기 잇기를 한다. 무늬뜨기의 쉼코끼리 빼뜨기 잇기를 하고, 뒤판에 감침질로 붙인다.

소매는 뒤판과 앞판에서 코를 주워 메리야스뜨기로 뜨고, 덮어씌워 코막음을 한다. 옆선, 소매 아래를 연결해서 떠서 꿰매기 한다.

7/0호 바늘로 지정된 위치에 고리를 떠서 붙이고, 단추를 단다.

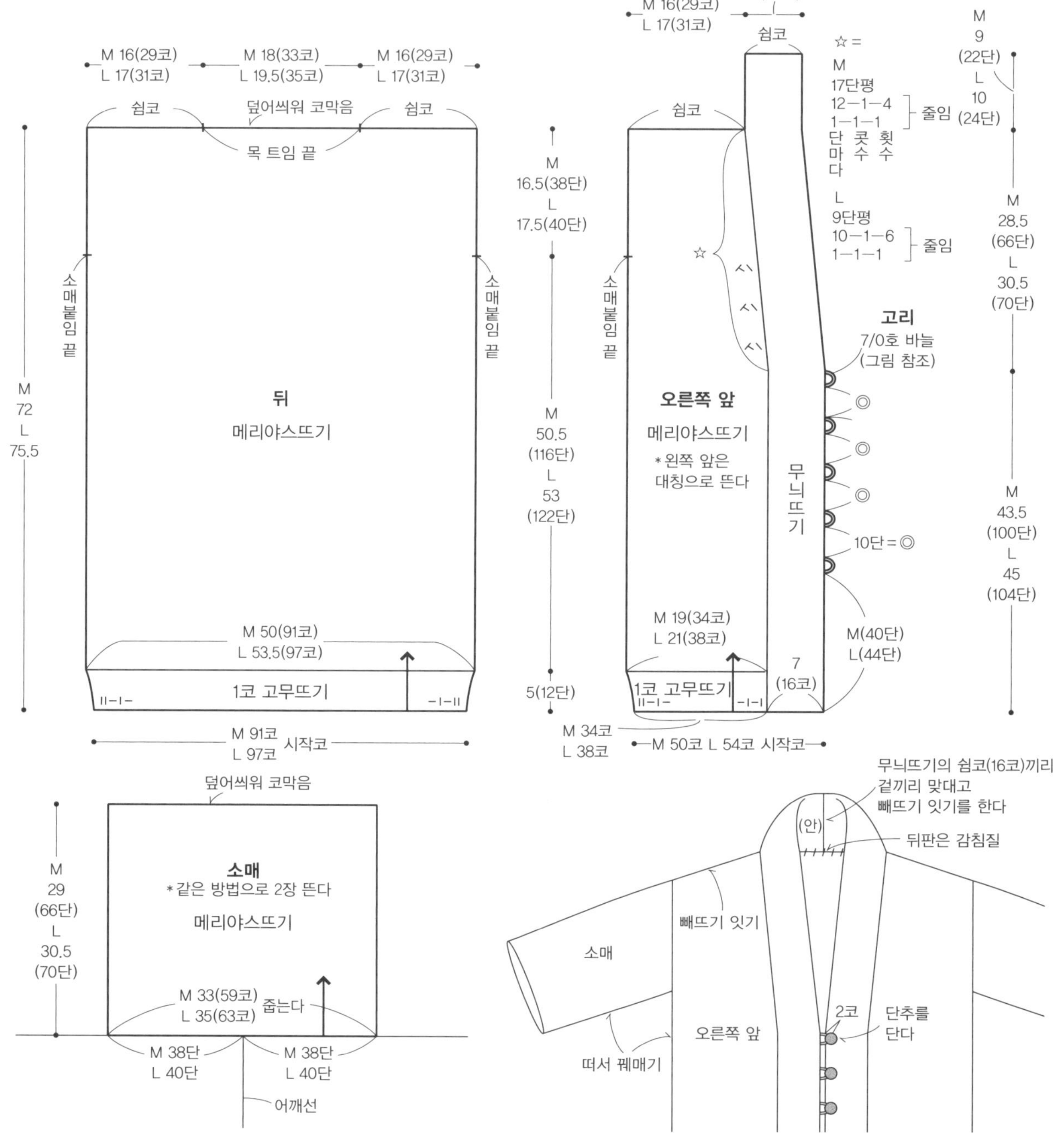

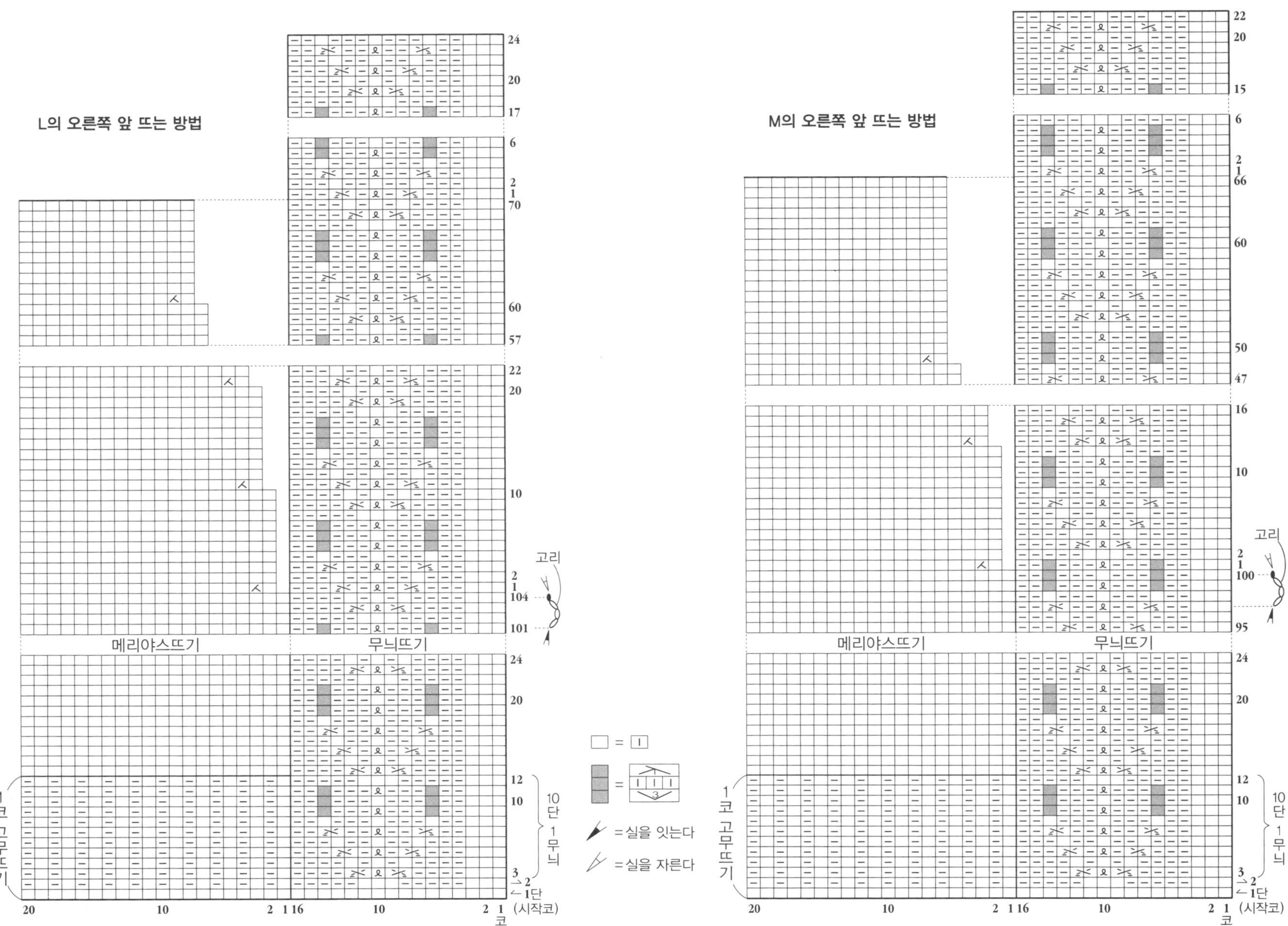
L의 오른쪽 앞 뜨는 방법
M의 오른쪽 앞 뜨는 방법
메리야스뜨기
무늬뜨기
고리
1코 고무뜨기
10단 1무늬
1단 (시작코)
코
= I
= 실을 잇는다
= 실을 자른다

[시작코]

뜨개 시작 방법

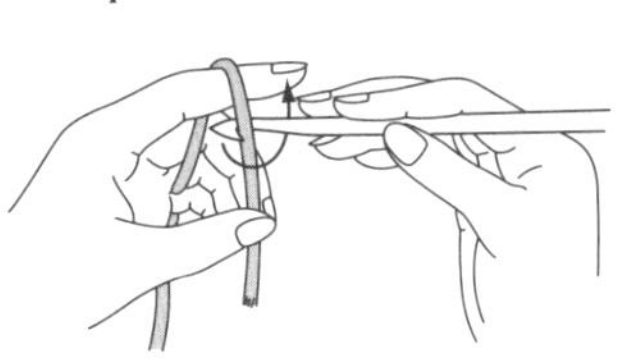

1

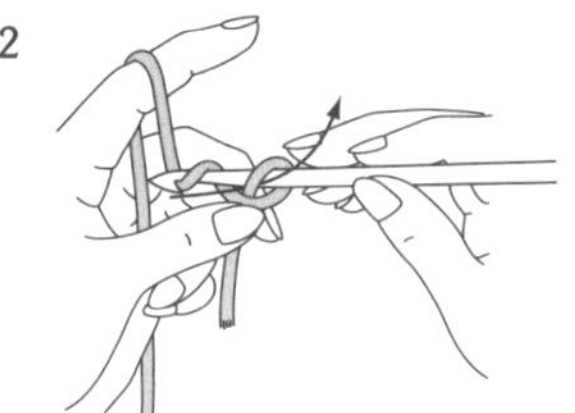

2

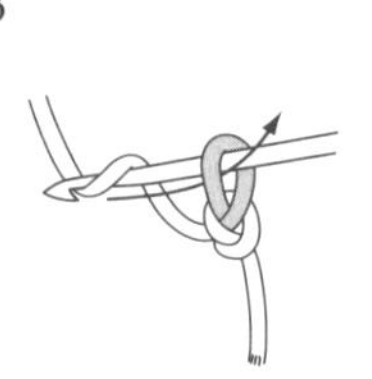

3

4

왼손에 걸친 뜨개실에 바늘을
안쪽에서 넣어 실을 비꼰다.

검지에 걸려 있는 실을
바늘에 걸고 빼낸다.

바늘에 실을 걸고 빼낸다.
이것을 반복한다.

사슬코에서의 평뜨기

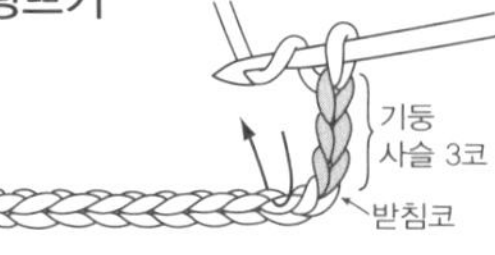

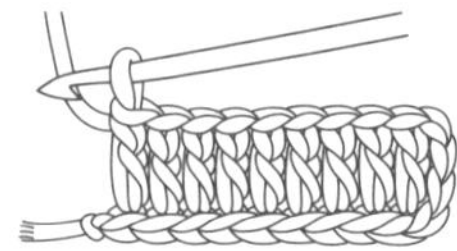

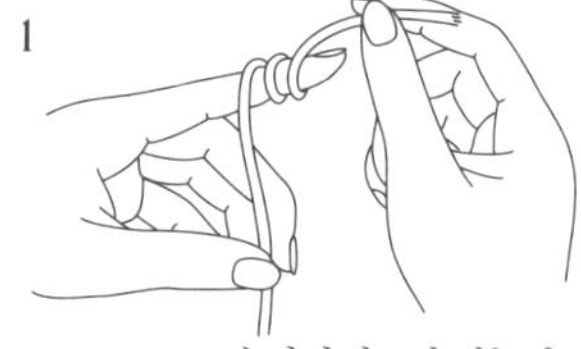

사슬 모양으로 되어 있는 쪽을
아래로 향하게 하고, 안쪽 산에 바늘을 넣는다.

아래쪽에 사슬 모양의 코가
가지런히 늘어선다.

이중 고리 시작코

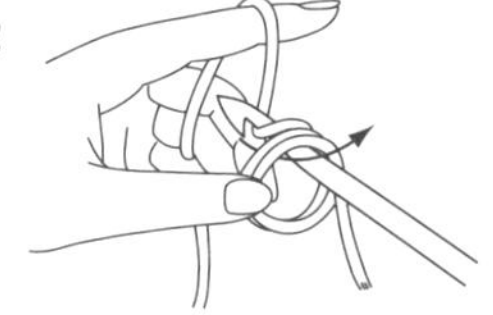

1

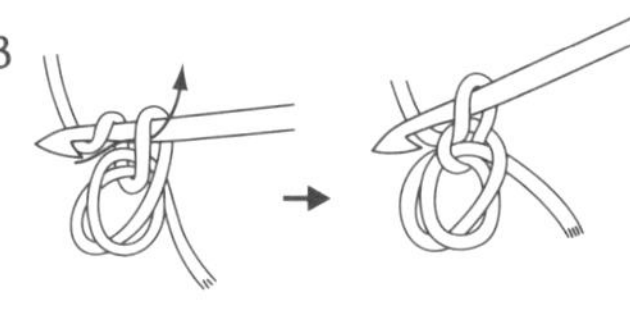

2

3

손가락에 2번 감는다.

실 끝을 앞쪽으로 하고
원 안으로 실을 빼낸다.

1코 뜬다. 이 코는
기둥코 수에 넣는다.

[뜨개코 기호]

사슬뜨기

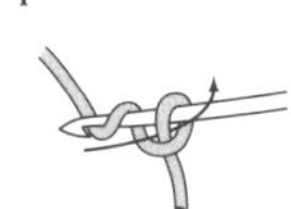

1

2

3

4

가장 기본이 되는 뜨개 방법으로 시작코나 기둥 등에 사용한다.

짧은뜨기

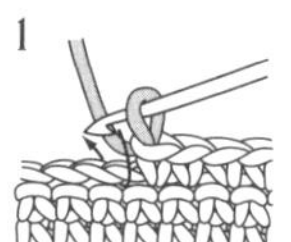

1

2

3

4

기둥의 높이가 사슬 1코인 뜨개코. 바늘에 걸려 있는 2개의 고리를 한 번에 빼낸다.

빼뜨기

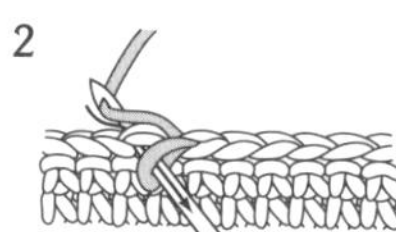

1

2

3

앞단의 뜨개코에 바늘을 넣고, 실을 걸어 한 번에 빼낸다.

중간긴뜨기
(긴뜨기)

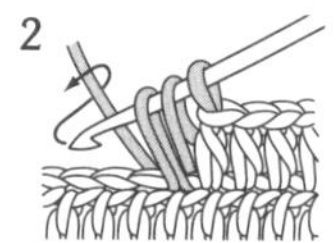

1

2

3

4

기둥의 높이가 사슬 2코인 뜨개코. 바늘에 걸려 있는 3개의 고리를 한 번에 빼낸다.

긴뜨기
(한길 긴뜨기)

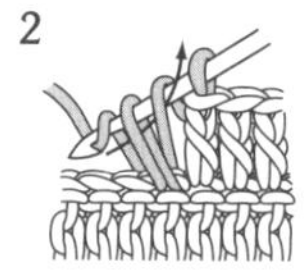

1

2

3

4

기둥의 높이가 사슬 3코인 뜨개코. 바늘에 걸려 있는 고리를 2개씩 2회 빼낸다.

긴긴뜨기
(두길 긴뜨기)

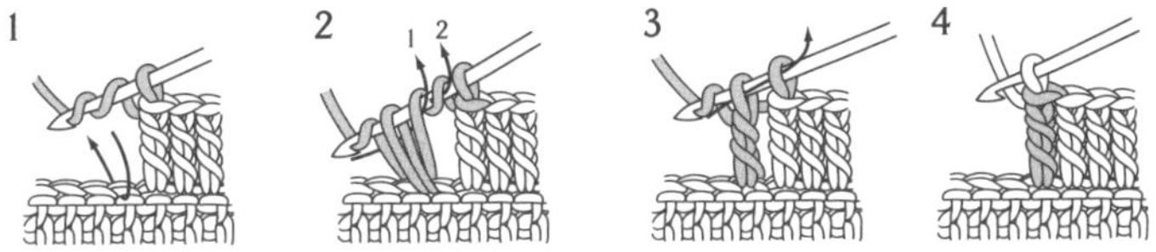

기둥의 높이가 사슬 4코인 뜨개코. 바늘에 걸려 있는 고리를 2개씩 3회에 빼낸다.

짧은뜨기를
1코 늘린다

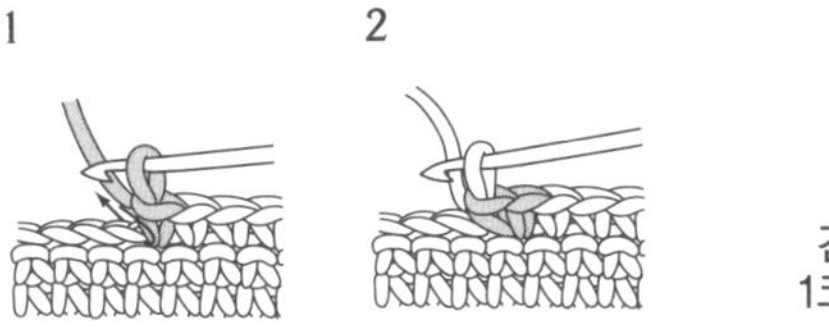

앞단의 1코에 짧은뜨기 2코를 떠 넣어 1코 늘린다.

긴뜨기를
1코 늘린다

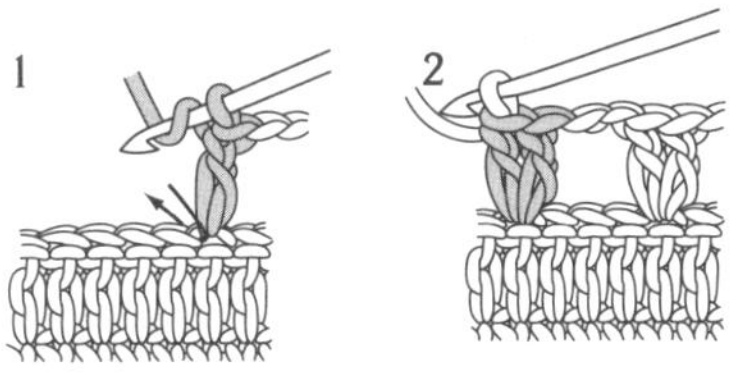

앞단의 1코에 긴뜨기 2코를 떠 넣어 1코 늘린다.
※ 콧수가 다른 경우나 끌어올려뜨기의 경우도 같은 요령으로 뜬다.

짧은뜨기
2코 모아뜨기

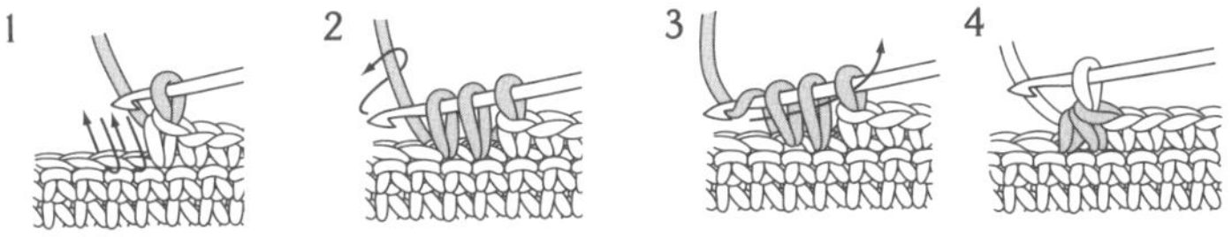

앞단의 코에서 실을 빼내기만 한 미완성의 2코를 바늘에 실을 걸어 한 번에 빼내어 1코 줄인다.
※ 콧수가 다른 경우도 같은 요령으로 뜬다.

긴뜨기
2코 모아뜨기

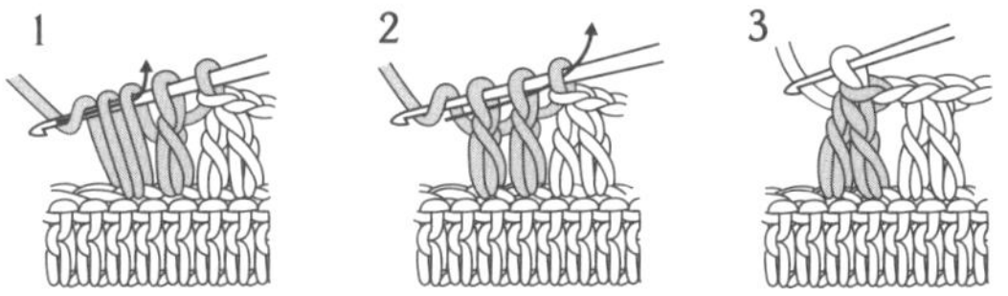

미완성의 긴뜨기를 2코 뜨고, 한 번에 빼내어 1코 줄인다. ※ 콧수가 다른 경우나 끌어올려뜨기의 경우도 같은 요령으로 뜬다.

긴뜨기
앞걸어뜨기

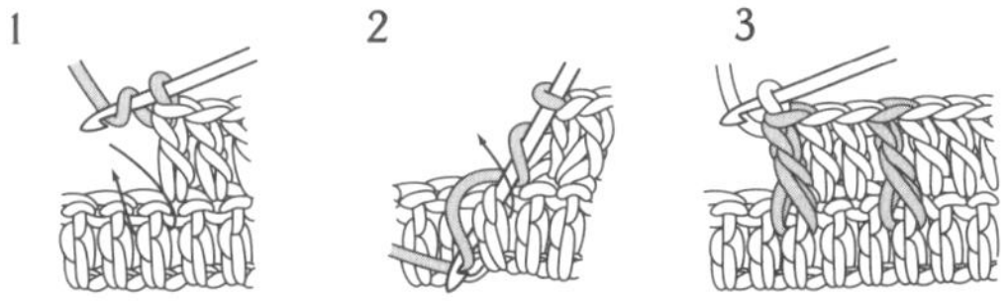

앞단의 기둥을 앞쪽에서 떠서 길게 실을 빼내어 긴뜨기와 같은 요령으로 뜬다.

긴뜨기
3코 구슬뜨기

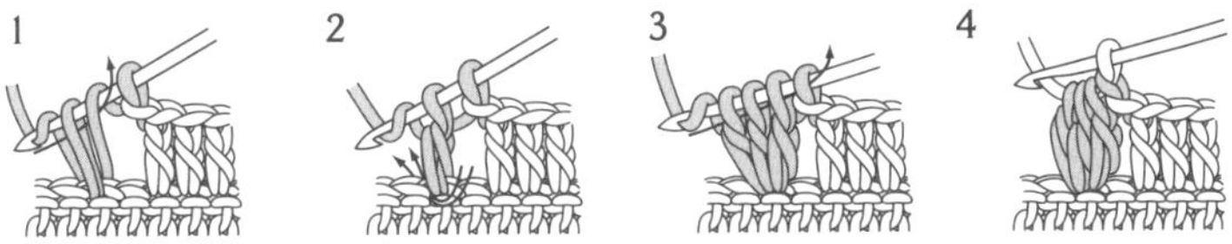

앞단의 1코에 미완성의 긴뜨기를 3코 뜨고 한 번에 빼낸다. ※ 콧수가 다른 경우나 긴긴뜨기의 경우도 같은 요령으로 뜬다.

[잇기 · 꿰매기]

사슬꿰매기

사슬잇기

겉끼리 맞대고 바늘을 넣어 사슬 2코를 뜨고, 단 머리의 코를 가르며 바늘을 넣고 빼낸다.
※ 사슬의 콧수가 다른 경우나 짧은뜨기로 잇는 경우도 같은 요령으로 뜬다.

뜨개를 겉끼리 맞대고 끝코에 바늘을 넣어
빼뜨기와 사슬뜨기를 반복한다.
사슬의 콧수는 겉감에 맞춰서 조절한다.

밑동이
붙어 있는 경우

앞단의 1코에
모든 코를 떠 넣는다.
앞단이 사슬뜨기인 경우는
사슬코 1개와 안쪽의
산을 같이 떠서 한다.

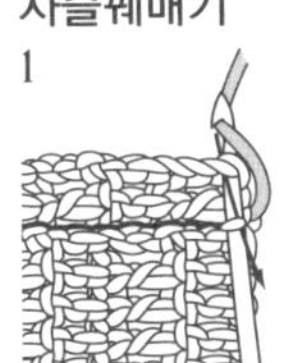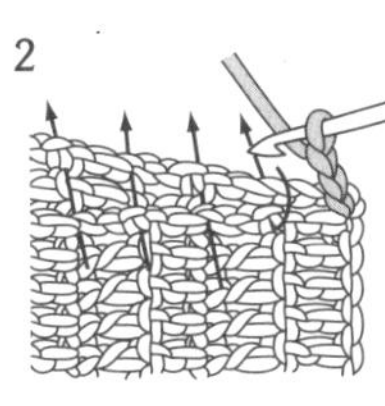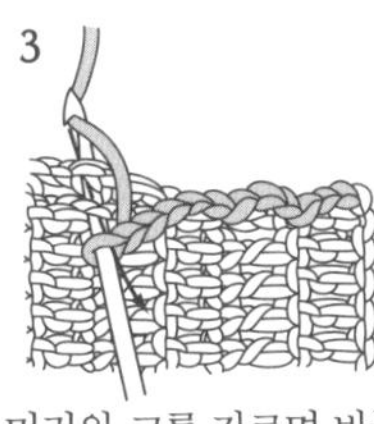

밑동이
붙어 있지 않은 경우

앞단이 사슬뜨기인 경우,
일반적으로는 사슬뜨기
전체를 떠서 뜬다.
([다발로 줍는다]라고 한다)

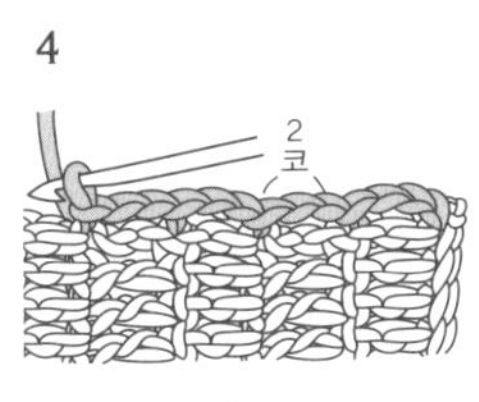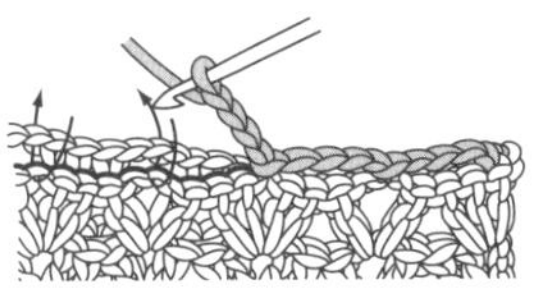

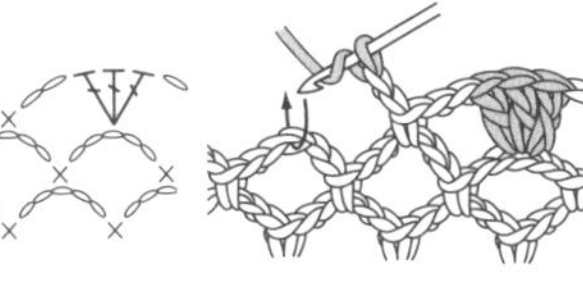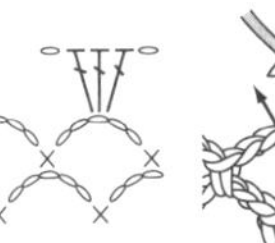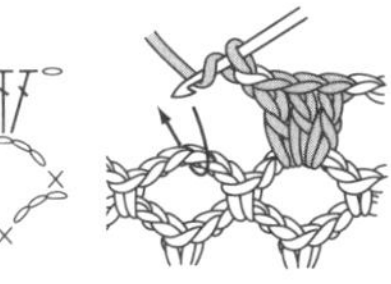

[대바늘뜨기 기초 테크닉]

도안 보는 방법

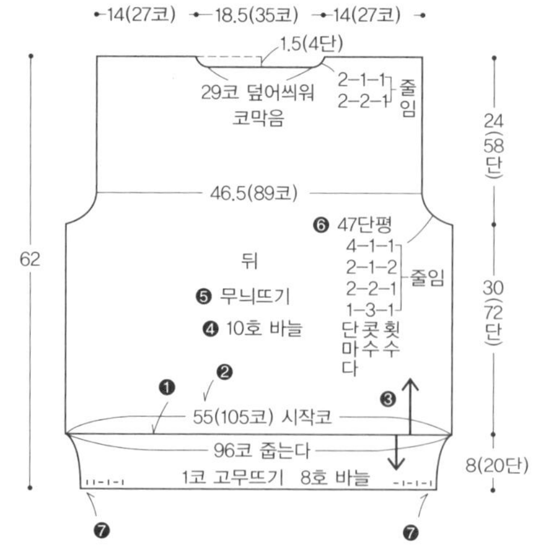

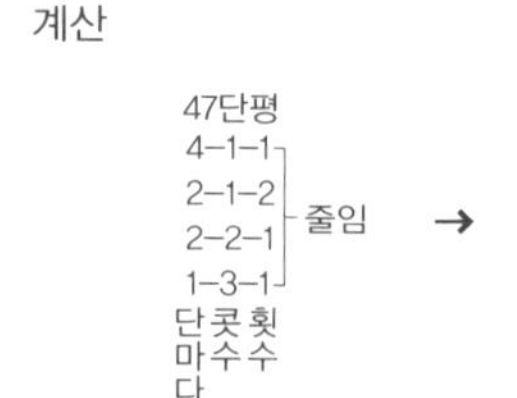

코를 늘리는 경우는 줄이는 방법과 같은 요령으로 줄임코를 늘림코로 바꾼다.

❶뜨개 시작 위치
❷치수(cm)
❸뜨는 방향
❹사용 바늘
❺뜨개 무늬
❻계산
❼고무뜨기의 끝코 기호

[시작코] 손가락에 실을 걸어 코를 만드는 방법

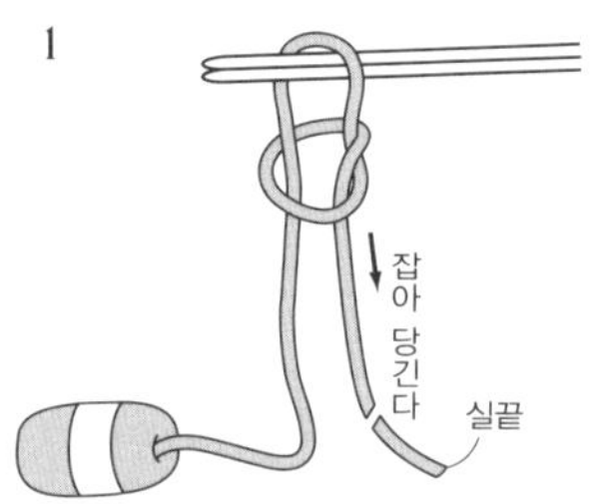

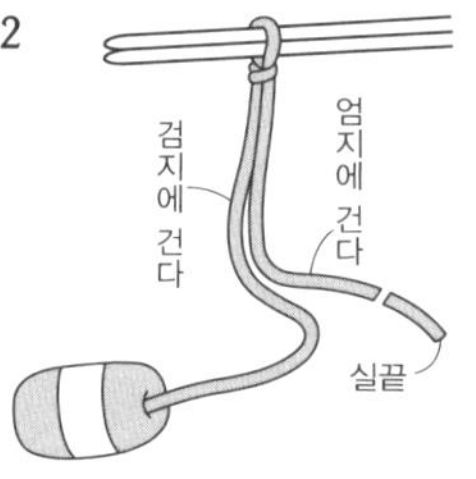

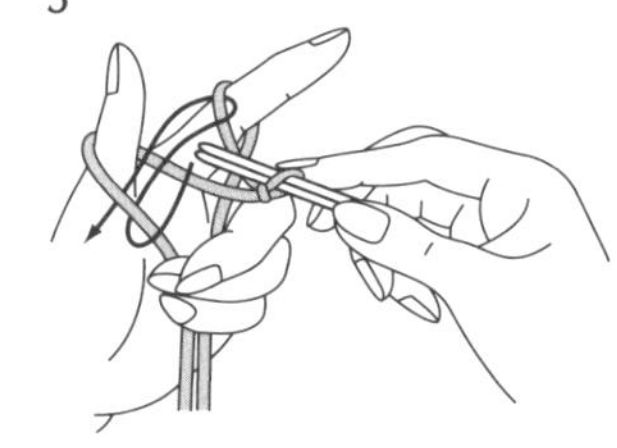

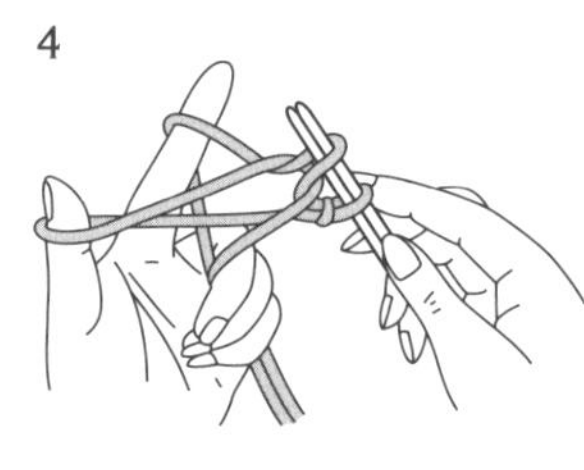

실 끝부터 뜨려는 치수의 약 3배 길이가 되는 곳에서 고리를 만들고, 대바늘을 가지런히 하여 고리 안으로 통과시킨다.

고리를 잡아당겨 조인다.

짧은 쪽을 왼손 엄지에, 실타래 쪽을 검지에 걸고, 오른손은 고리 부분을 누르면서 대바늘을 잡는다. 엄지에 걸려 있는 실을 그림처럼 떠올린다.

다 떠올린 모습.

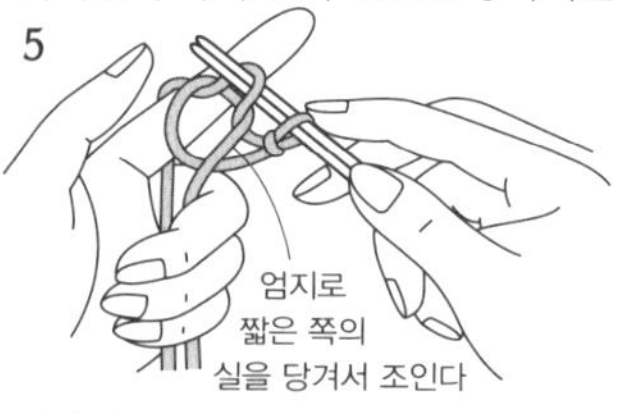
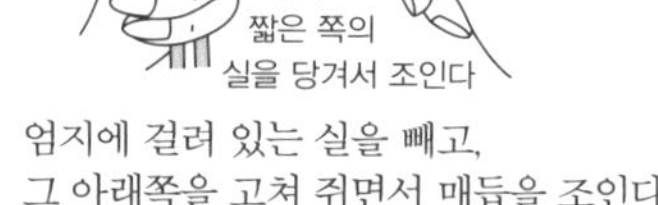

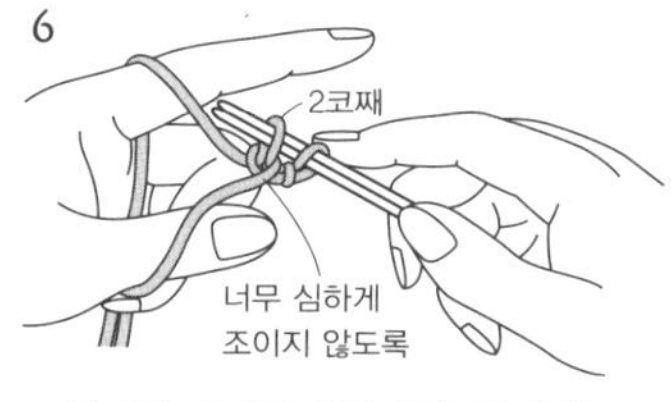

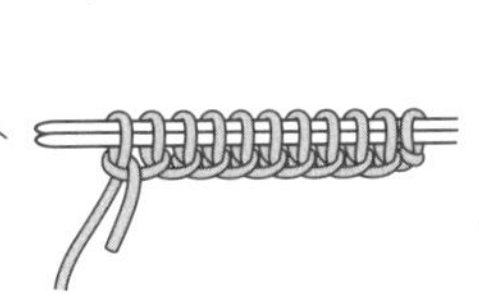

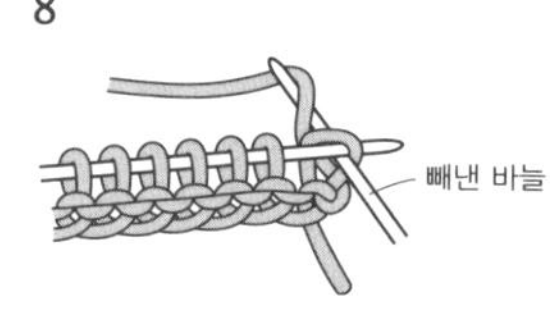

엄지에 걸려 있는 실을 빼고, 그 아래쪽을 고쳐 쥐면서 매듭을 조인다.

엄지와 검지를 제일 처음 상태대로 한다. 3~6을 반복한다.

필요한 콧수를 만든다. 이것을 겉뜨기 1단으로 센다.

2개 바늘에서 1개를 빼고, 실이 있는 쪽부터 둘째 단을 뜬다.

[뜨개 기호]

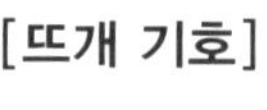

겉뜨기 |

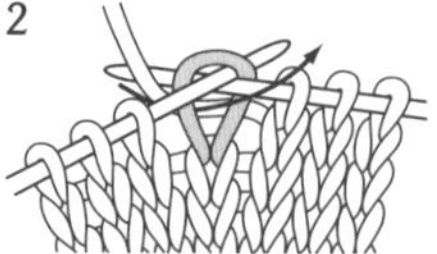

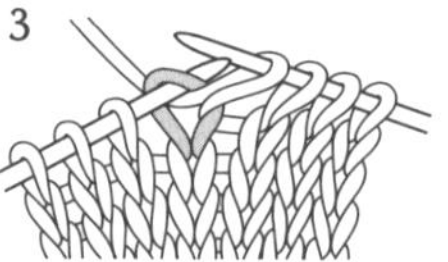

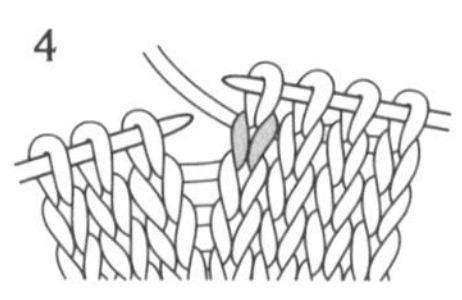

실을 맞은편에 두고, 왼쪽 코에 앞쪽에서 바늘을 넣는다.

오른쪽 바늘에 실을 걸고, 화살표처럼 빼낸다.

빼내면서, 왼쪽 바늘에서 코를 뺀다.

안뜨기 —

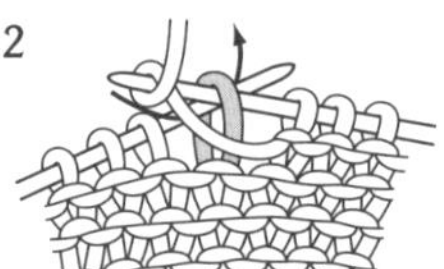

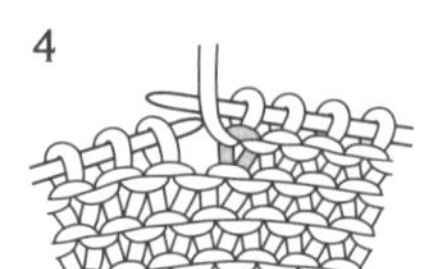

실을 앞쪽에 두고, 왼쪽의 코에 맞은편에서 바늘을 넣는다.

오른쪽 바늘에 실을 걸고, 화살표처럼 빼낸다.

빼내면서, 왼쪽 바늘에서 코를 뺀다.

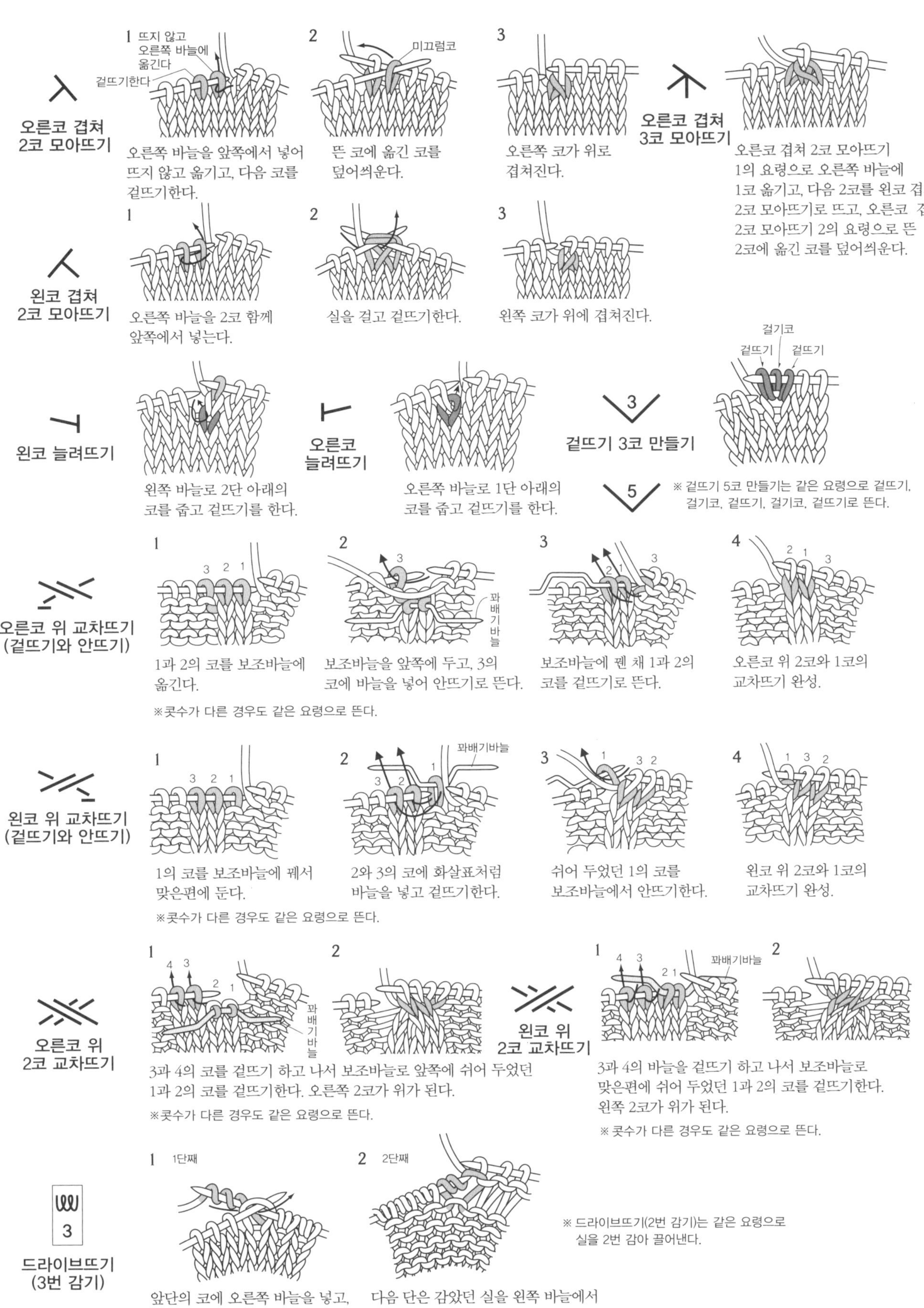
오른코 겹쳐 2코 모아뜨기
1 뜨지 않고 오른쪽 바늘에 옮긴다
겉뜨기한다
2 미끄럼코
3
오른쪽 바늘을 앞쪽에서 넣어 뜨지 않고 옮기고, 다음 코를 겉뜨기한다.
뜬 코에 옮긴 코를 덮어씌운다.
오른쪽 코가 위로 겹쳐진다.

오른코 겹쳐 3코 모아뜨기
오른코 겹쳐 2코 모아뜨기 1의 요령으로 오른쪽 바늘에 1코 옮기고, 다음 2코를 왼코 겹쳐 2코 모아뜨기로 뜨고, 오른코 겹쳐 2코 모아뜨기 2의 요령으로 뜬 2코에 옮긴 코를 덮어씌운다.

왼코 겹쳐 2코 모아뜨기
1 2 3
오른쪽 바늘을 2코 함께 앞쪽에서 넣는다.
실을 걸고 겉뜨기한다.
왼쪽 코가 위에 겹쳐진다.

왼코 늘려뜨기
왼쪽 바늘로 2단 아래의 코를 줍고 겉뜨기를 한다.

오른코 늘려뜨기
오른쪽 바늘로 1단 아래의 코를 줍고 겉뜨기를 한다.

겉뜨기 3코 만들기
3
5
걸기코
걸기코 걸기코
걸뜨기 걸뜨기
※ 겉뜨기 5코 만들기는 같은 요령으로 겉뜨기, 걸기코, 겉뜨기, 걸기코, 겉뜨기로 뜬다.

오른코 위 교차뜨기 (겉뜨기와 안뜨기)
1 3 2 1
2 3 꽈배기바늘
3 2 3
4 2 1 3
1과 2의 코를 보조바늘에 옮긴다.
보조바늘을 앞쪽에 두고, 3의 코에 바늘을 넣어 안뜨기로 뜬다.
보조바늘에 꿴 채 1과 2의 코를 겉뜨기로 뜬다.
오른코 위 2코와 1코의 교차뜨기 완성.
※콧수가 다른 경우도 같은 요령으로 뜬다.

왼코 위 교차뜨기 (겉뜨기와 안뜨기)
1 3 2 1
2 3 2 1 꽈배기바늘
3 1 3 2
4 1 3 2
1의 코를 보조바늘에 꿰서 맞은편에 둔다.
2와 3의 코에 화살표처럼 바늘을 넣고 겉뜨기한다.
쉬어 두었던 1의 코를 보조바늘에서 안뜨기한다.
왼코 위 2코와 1코의 교차뜨기 완성.
※콧수가 다른 경우도 같은 요령으로 뜬다.

오른코 위 2코 교차뜨기
1 4 3 2 1
꽈배기바늘
2
3과 4의 코를 겉뜨기 하고 나서 보조바늘로 앞쪽에 쉬어 두었던 1과 2의 코를 겉뜨기한다. 오른쪽 2코가 위가 된다.
※콧수가 다른 경우도 같은 요령으로 뜬다.

왼코 위 2코 교차뜨기
1 4 3 2 1 꽈배기바늘
2
3과 4의 바늘을 겉뜨기 하고 나서 보조바늘로 맞은편에 쉬어 두었던 1과 2의 코를 겉뜨기한다. 왼쪽 2코가 위가 된다.
※ 콧수가 다른 경우도 같은 요령으로 뜬다.

드라이브뜨기 (3번 감기)
3
1 1단째
2 2단째
앞단의 코에 오른쪽 바늘을 넣고, 실을 3번 감아 끌어낸다.
다음 단은 감았던 실을 왼쪽 바늘에서 빼내어 펴면서 안뜨기를 한다.
※ 드라이브뜨기(2번 감기)는 같은 요령으로 실을 2번 감아 끌어낸다.

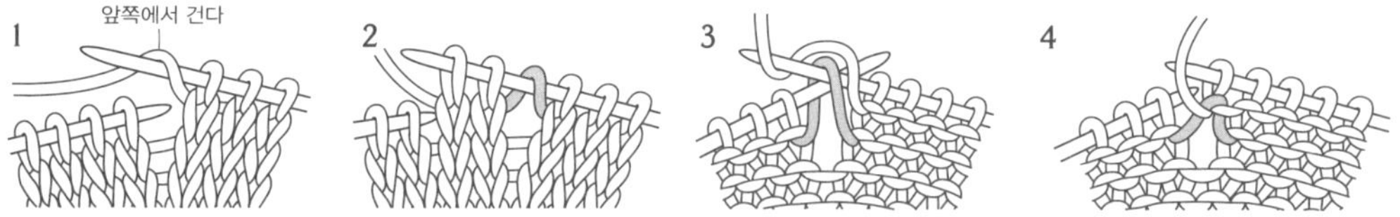

○	**1** 앞쪽에서 건다	**2**	**3**	**4**
걸기코	오른쪽 바늘에 앞쪽에서 실을 건다.	다음 코 이후를 뜬다.	다음 단을 뜨면 걸기코 부분에 구멍이 나면서 1코 늘어나게 된다.	

Ω	**1**	**2**	∨	**1**	**2**
꼬아뜨기	맞은편에서 바늘을 넣고, 겉뜨기와 같은 방법으로 뜬다.	1단 아래의 코가 꼬아진다.	**미끄럼코**	실을 맞은편에 두고, 오른쪽 바늘을 맞은편에서 넣어 뜨지 않고 옮긴다.	다음 코를 뜬다.

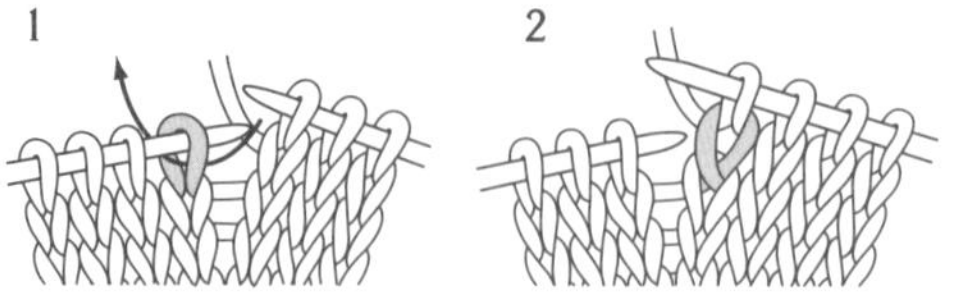

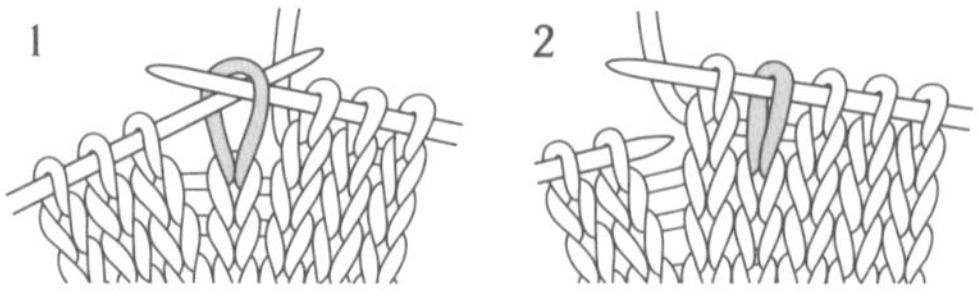

●	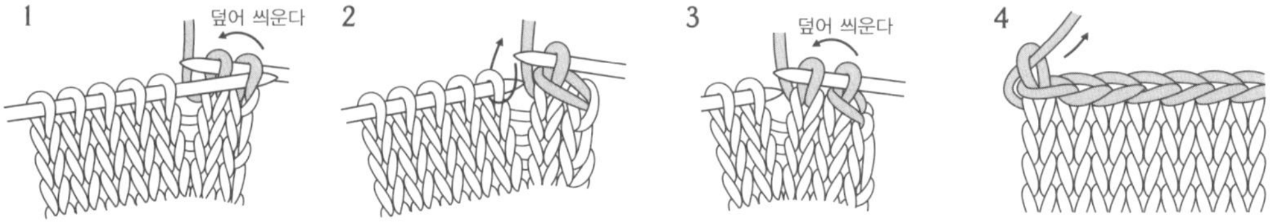 **1** 덮어 씌운다	**2**	**3** 덮어 씌운다	**4**
덮어씌우기	끝의 2코를 겉뜨기로 뜨고, 1코째를 2코째에 덮어씌운다.	다음 코를 겉뜨기한다.	겉뜨기를 하고, 덮어씌우기를 반복한다.	맨 마지막 코는 실을 빼내고 조인다.

⬬	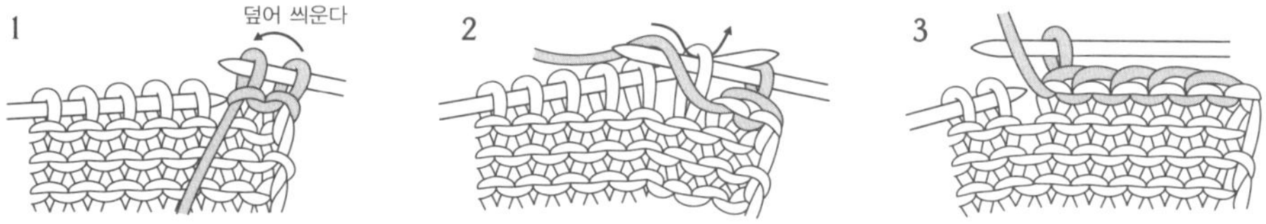 **1** 덮어 씌운다	**2**	**3**
덮어씌우기 (안뜨기)	끝의 2코를 안뜨기로 뜨고, 1코째를 2코째에 덮어씌운다.	다음 코를 안뜨기 하고, 오른쪽의 코를 덮어씌운다.	안뜨기를 하고, 덮어씌우기를 반복한다. 맨 마지막 코는 실을 빼내고 조인다.

[잇기 · 꿰매기]

빼뜨기 잇기

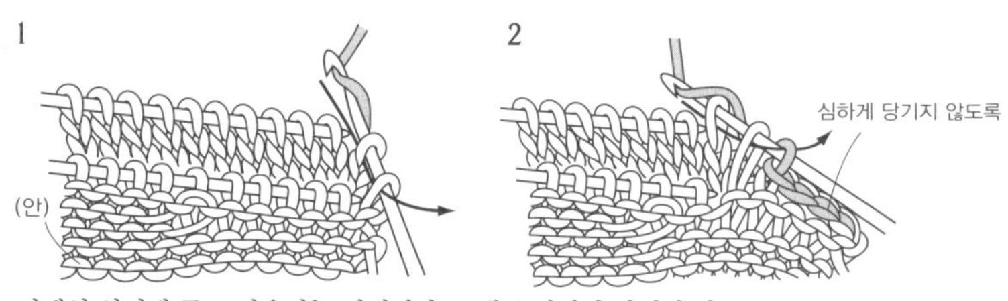

어깨선 잇기에 주로 사용하는 방법이다. 뜨개를 겉끼리 맞대어 잡고, 코바늘로 앞쪽과 맞은편 1코씩을 걸어 빼낸다.

메리야스 잇기

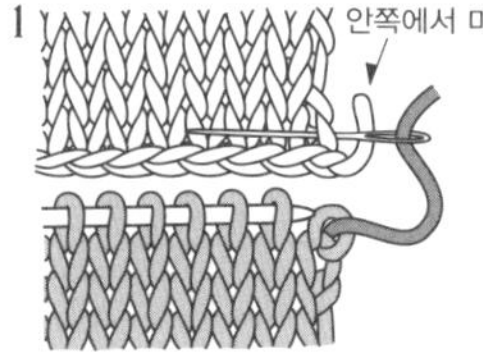

앞쪽의 뜨개 끝코 안쪽에서 실을 빼내, 맞은편 끝코에서 바늘을 빼낸다.

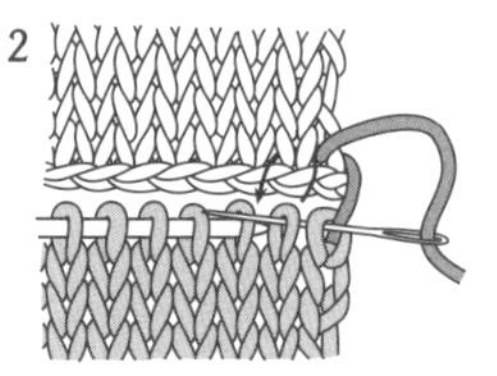

앞쪽의 끝코 겉에서 바늘을 넣고, 2코째 안쪽에서 겉으로 바늘을 빼낸다.

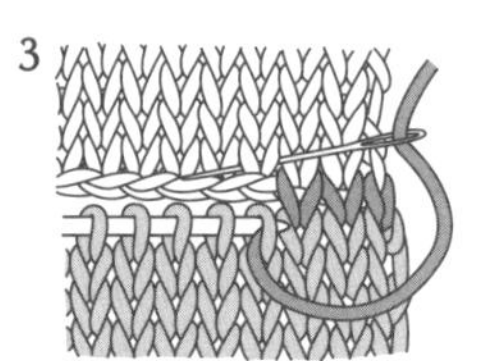

맞은편 겉에서 바늘을 넣고, 이웃하는 코의 안쪽에서 겉으로 바늘을 빼낸다.

떠서 꿰매기

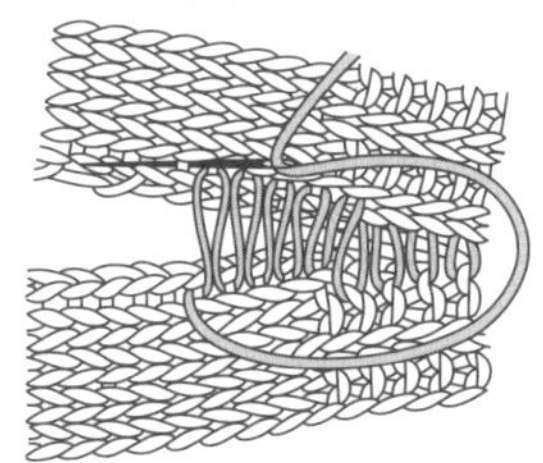

1코째와 2코째 사이 건네는 실을 1단씩 번갈아서 떠올린다.

이 책에 게재된 작품의 뜨개 견본 일부를 소개하니 참고하시기 바랍니다.

북디자인 MARTY inc.(Minako Goto)

촬영 Isao Hashinoki
Wataru Nakatsuji(p.87)

스타일링 Setsuko Todoroki

헤어 & 메이크업 Taeko Kusaba

모델 Fumi

트레이스 Saori Yoneya(p.38~81)

교열 Masako Mukai

편집 Sayako Misumi(Little Bird)
Norie Hirai(BUNKA PUBLISHING BUREAU)

일본어판 발행인 Sunao Onuma

산뜻하고 시원한
니트 손뜨개

초판 1쇄 발행 2014년 4월 25일
초판 2쇄 발행 2020년 9월 10일

지은이 michiyo
옮긴이 황선영
펴낸이 명혜정
펴낸곳 도서출판 이아소

북디자인 황경성

등록번호 제311-2004-00014호
등록일자 2004년 4월 22일
주소 121-841 서울시 마포구 월드컵북로5나길 18 1012호
전화 (02)337-0446 팩스 (02)337-0402

책값은 뒤표지에 있습니다.
ISBN 978-89-92131-81-0 13590
CIP제어번호: CIP2014011683

도서출판 이아소는 독자 여러분의 의견을 소중하게 생각합니다.
E-mail: iasobook@gmail.com

이 책의 작품은 하마나카 수예실과 바늘을 사용하고 있다.
홈페이지 http://www.hamanaka.co.jp E-mail iweb@hamanaka.co.jp

37쪽에 소개된 하마나카 제품을 구입하시려면
동대문 종합시장 지하에 있는 미래사(02-2278-5599), 능성모사(02-2263-6928),
한경상사(070-8870-0682)로 문의하시기 바랍니다.
국내 실을 사용하시려면 37쪽에 표시된 실의 굵기와 품질을 참조하시길 바랍니다.